小白学编织

日本朝日新闻出版◆编著　［日］惠惠◆监修　［日］秋叶沙耶香◆绘　张瑢◆译

南海出版公司
2024 · 海口

开始编织吧！
WOW!
Let's TRY!

“编织？从来没碰过，一次都没有！”

像本书漫画主人公小白一样的人，应该不在少数吧？

以前，编织都是由身边的人传授，大多靠奶奶、妈妈或邻居阿姨手把手地教。

但现在，编织好像与我们渐行渐远。

一直都想试试看，却从没有真正实践过……小白也是如此。

现代生活遍地都是快时尚，比起自己动手，直接买更省事。

即便如此，所谓“手作”的意义——

在于，合自己的喜好，

在于，合自己的心意，

在于，这是“世上绝无仅有的小物”。

编织新手们一开始可能会不知所措，

来和小白一起，上手编织吧！

希望以本书为契机，你能拥有只属于自己的独一无二的手作。

编织讲师　惠惠

基础

咖啡杯套

用于包裹纸杯，起隔热保温的作用。极简的织片上点缀多彩的小球，看上去十分可爱。

漫画教程 p40

制作指南 p63

腈纶洗碗刷
腈纶的细小纤维可以吸附污垢，无须使用清洁剂。可爱的色彩搭配和设计，让清洗和打扫变得乐趣满满！
咖啡杯套进阶版
格纹款
制作指南 p64
隔热餐垫（p6）进阶版
荷包蛋款
制作指南 p96

基础

隔热餐垫

钩针花片的组合编织独具匠心。花片可以采用不同颜色，多块拼接可以创作出大型作品。

漫画教程 p72

制作指南 p94

隔热餐垫进阶版

遮阳帽

用线一圈圈编织而成，夏帽可使用拉菲草或亚麻，冬帽可使用羊毛线材，轻松玩转四季。学会短针就可以制作，来挑战一下吧！

制作指南 p98

基础

暖手手套

起伏针织片的优点就是厚实暖和。用柔软蓬松的线材，可以织出羊羔毛的质感。指尖露出，使用电脑或进行手作时更方便。

漫画教程 p104

制作指南 p120

暖手手套进阶版

桂花针围巾

正针与反针交错编织，呈现凹凸不平的质感，即使是单色也氛围感十足。百搭的极简风格，很适合做礼物。

制作指南 p122

漫画教程 p130

制作指南 p153

基础

风帽围巾

只要学会棒针的基础针法，交叉针就不是难事。该款围巾风格简约，即使戴着风帽，也不会让人觉得孩子气。柔软蓬松，保暖效果超棒！

风帽围巾进阶版

交叉针冬帽

正针与反针交叉组合，就可以编织出麻花纹针织帽。虽然只运用了基础针法，但成品很惊艳。可以试试颜色明亮的线材或马海毛等蓬松柔软的线材。

制作指南 p158

进阶版

购物包

为购物而生的包包。最好使用亚麻等无弹性的线材，承重效果更好，集齐各种颜色会乐趣满满。

制作指南
p165

进阶版

小物袋

扁扁的小袋子，容量却很大，适合随意出门小逛的日子。细线配上球球线捻合编织，单色也不会显得单调。

b

a

制作指南
p168

进阶版

口金包

使用蓬松柔软的长绒线，让口金包看上去像小动物一样可爱。教程中使用的是编织专用口金，新手也可以轻松上手！

制作指南 p171

圈圈毛口金包

制作指南 p172

毛茸茸口金包

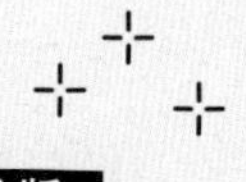

进阶版

发带 a

极简风格的平针发带，质感柔软，长时间佩戴也很舒适。风格百搭，在家或是外出都能美丽又时尚。

制作指南 p174

进阶版

发带 b

桂花针发带让人元气满满，同时也适合短发女生或男生。毛线编织款可以御寒，棉麻款则清爽干净，轻松玩转四季。

制作指南 p174

进阶版

刺猬胸针

可爱的刺猬胸针，使用仿毛皮的线材。可以佩戴在衣服、围巾、包包或帽子上，极富童趣。

制作指南 p176

登场人物

惠惠老师

编织教室主理人。

基本上只穿自己织的针织衫。

莉莉

小白公司的后辈。

编织博主。

小白

本书主人公，37岁。

就职于某网站制作公司，和丈夫、女儿组成了幸福的三口之家。

小白的丈夫和女儿

丈夫小则是自由网站设计师。女儿小福4岁。

中村

研究生，已在编织教室学习了三年。现在已经是“编织达人”。

早上好！
吵吵
闹闹
主人公小白
就职于某网站制作公司，37岁，有一个4岁的女儿。
小白，早上好！
总觉得好久没见了呢！
因为最近经常居家办公啊～
莉莉
公司的后辈
啊……帽子好可爱！在哪里买的？
我也好想要一顶针织帽啊。
翘起
早上要带娃，都没精力打理头发……
清晨大战！
吵闹
吵闹

嘿嘿，其实是我自己织的。
啊?!
哇——
太厉害了吧！
嘿嘿
和买来的一样，太棒了！
其实我是编织博主。
咦？好厉害！
我可做不出来！
#织物
#编织
灵光一闪——
对了！
小白你也可以试试看，你看，
这种帽子还可以送给孩子和老公呢！
靠近
啊，我不行，不行……
摊开
手作
接下来的客户是手作厂商。
凑近
跟客户交流需要多了解一些吧！
哎呀，不行不行啦。哈哈……咦？
田中手工 亲启
网站制作策划书

忐忑
明明说了我不行的……
闪亮
几天后
编织教室 15:00～ 2F
她一定是因为想白天来教室，所以才拉我一起……
上楼
沉重
我已经跟领导打过招呼啦，这是工作调研！
尽情享受编织吧！
我太难了～
迫于莉莉的热情，还是来了，但是我为啥要学编织?!
整个人都不好了。除了学校家政课以外，再没碰过。
开门
叮零
你好！
莉莉跟我联系过啦。
哇，好亮丽色彩！
惠惠老师
编织教室主理人

来都来了，硬着头皮上吧！
嗯……
那个……
嗯……这个我可以做出来吗？
咦？莉莉告诉我你想做帽子来着……
是啊，但是怎么想都觉得难度太大……
完全没自信……
我想从简单的开始，做出一个实用的成品……
对呀！织出来就是为了用嘛！
新手从什么物件开始学比较好呢？
好难回答的问题……
新手也不是做不了帽子。
为了便于学习，按从易到难的顺序学习比较好吧。
钩针和棒针也不一样……
总之，先看看这张图吧！

编织方法分类
钩针编织
特点
●在一根钩针的针尖部分挂线编织。
●适合小物件。
●织片挺括、厚实，针目紧实。
●织片没有弹性，可用于制作包包等。
●织错时，需退回织错的针目，才能重新开始编织。
●可以制作立体作品(包包或玩偶等)。
环形编织
往返编织
花片组合※
花片
设计多样！
包包
方形杯垫
咖啡杯套
无檐帽
※花片组合和实物略有差异。
腈纶洗碗刷
宽檐遮阳帽
围巾
环形编织、往返编织均可！
可能会有点复杂……
星标作品在本书中有视频教程。

特点
棒针编织
●用两根棒针挂线、挑线编织。
●适合大物件。
●织片蓬松柔软，弹性较好，保温性强。
●织片具有弹性，适合制作衣物或贴身物件。
●可以从指定位置重新开始编织。
同样大小的织片，棒针编织比钩针编织使用的线材更少。
圈织
无檐帽
片织
围巾
缝合连接
毛衣
围巾
暖手手套
披肩
让织物更多彩
纹路编织
提花编织
麻花纹
钩针也可以提花，但是不太容易织得整齐漂亮……

也就是说，针织帽适合用棒针编织，
小物件适合用钩针编织？
是的，现在这么记住就可以了。
实际上大部分织品都是两种编法皆可的。
那想好做什么了吗？
嗯……
那……做个咖啡杯套吧！
好呀，就做这个！
总觉得钩针简单一点！
只用一根针！
那可不一定。
那就马上开始吧！
冲呀！

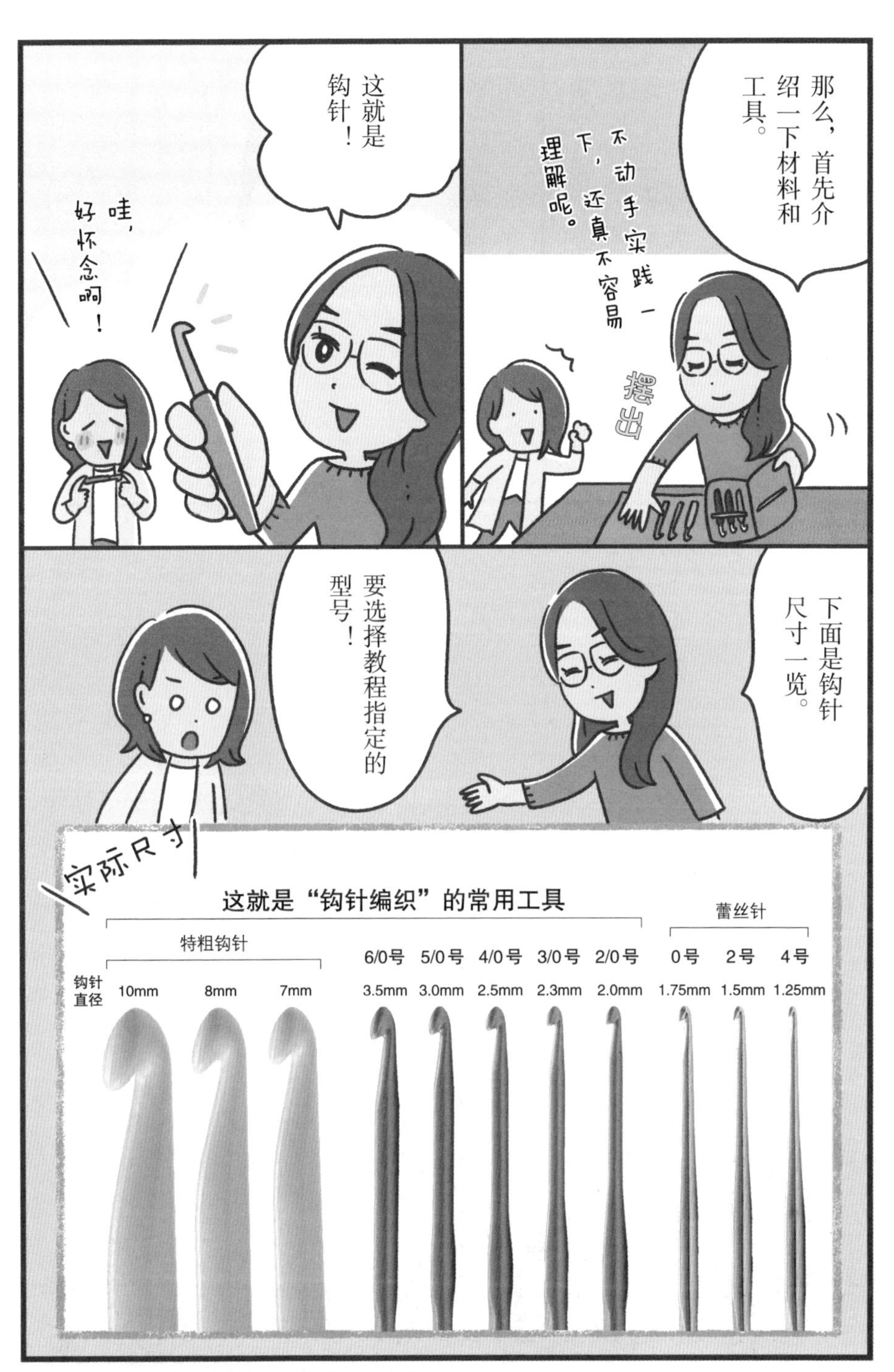

注：上图钩针编号分类为日本常用分类，读者可根据图中标出的钩针直径选择对应的钩针。

钩针可分为两端有钩、单侧有钩，也有带手柄的，品种十分丰富……
选自己用起来顺手的就可以啦！
有手柄的更好拿握呢。
老师，2/0号和2号有什么区别呢？
2/0号
2号
还有这个要怎么读呀？
这个解释起来比较复杂……主要是普通织物针和蕾丝专用针的区别。
2号
蕾丝针
本书使用的是这组！
2/0号
普通织物针
习惯上两种都读作『2号』！
不过，蕾丝针更细。
总之，购买的时候不弄错就好了。
好的！
惠惠老师的小课堂
最初诞生的是蕾丝针，针号数字越小，直径越大。后来出现了比蕾丝针更大的钩针，大于0号蕾丝针的，就是00号、000号……像这样，用0的位数表示尺寸。为了便于理解，用2/0号表示两个0。

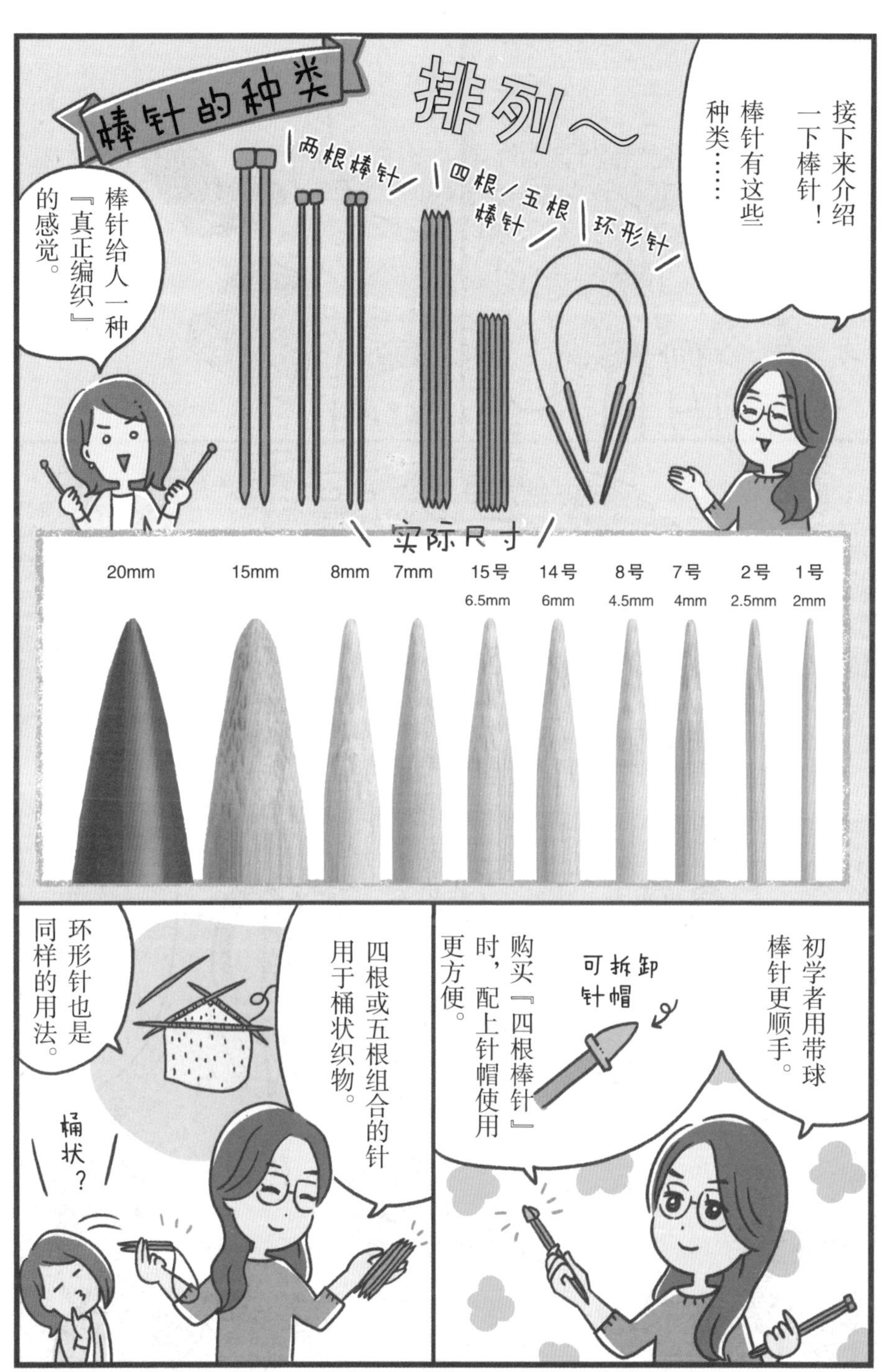

注：棒针直径尺寸仅供参考。

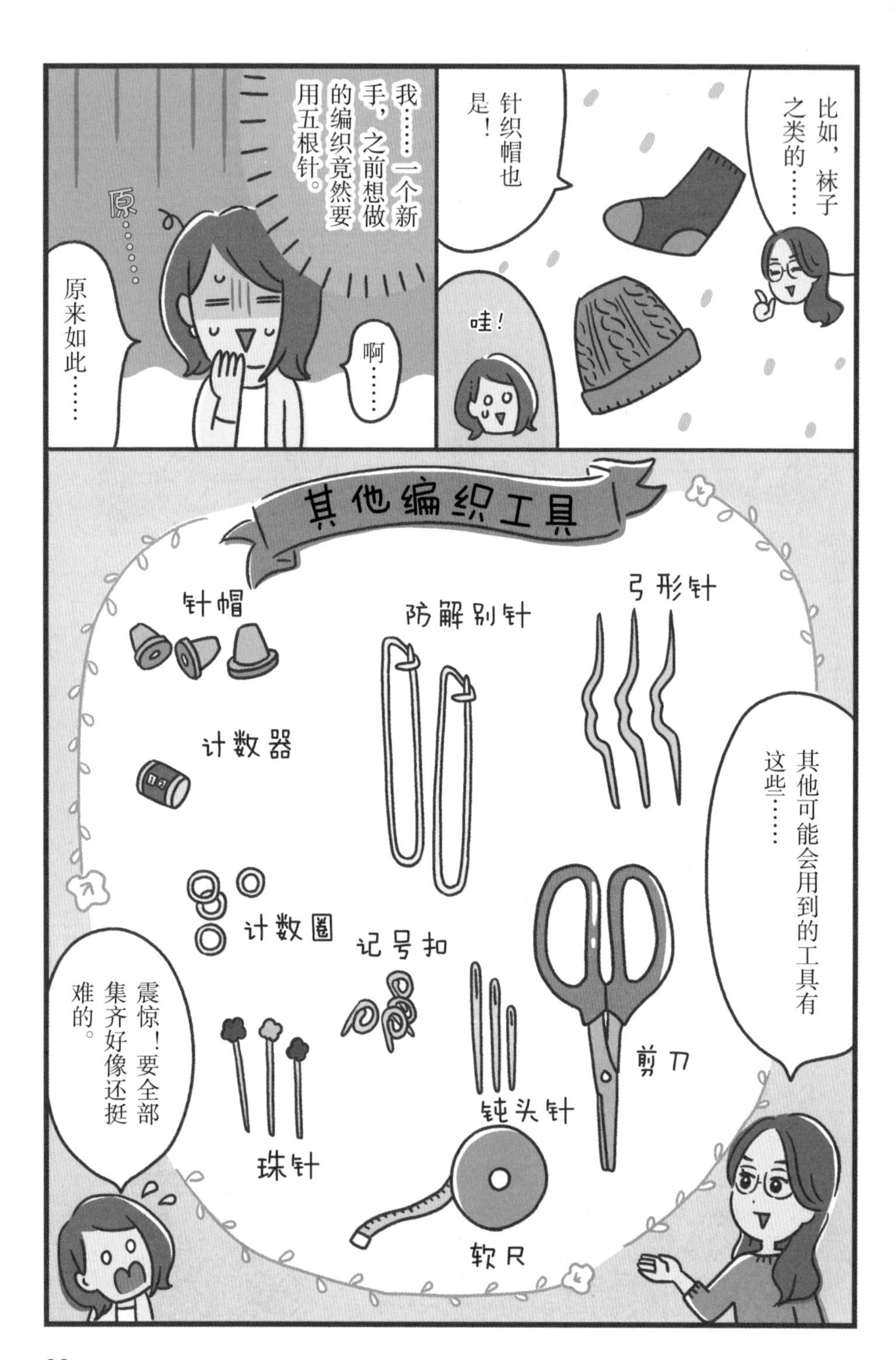
比如，袜子之类的……
针织帽也是！
哇！
我……一个新手，之前想做的编织竟然要用五根针。
原……
啊……
原来如此……
其他编织工具
针帽
防解别针
弓形针
计数器
其他可能会用到的工具有这些……
计数圈
记号扣
剪刀
钝头针
珠针
软尺
震惊！要全部集齐好像还挺难的。

接下来讲解一下线材。
你知道毛线是怎么来的吗？
嗯……
出在羊身上？
答对啦！
呼
紧张了一小下。
羊毛经过修剪、清洗，根据需要染色，
再搓捻之后毛线就诞生啦。
线材多种多样，这里只介绍一部分。
各类线材
棉
棉 × 尼龙
羊毛 × 尼龙
麻
腈纶棉 × 尼龙
腈纶
羊毛 × 羊驼毛

虽然我们总认为贴身衣物最好使用天然材料，
高级！
但天然材料普遍价格昂贵，羊毛色彩饱和度也较低。
腈纶混纺的线材更易于编织和清洗。
价格较低，色彩富于变化，推荐给编织新手们。
但是100%腈纶不太亲肤。
不吸汗
手感硬邦邦
不保暖
刺痛
知道了吗？
晕厥
……
不用死记硬背！
首先使用书里指定的线材吧！
好的！
买不到的话，可以咨询店员，
让他们推荐类似的线材。
您好——
田中手作

需要注意线材的规格！
线材粗细会影响针号，弄错线材规格，作品的尺寸会有很大出入。
超粗
粗
高粗
粗
中粗
合太
中细
有这么多规格吗？
请看！同样的织法，但是针线组合不同，作品呈现的状态大相径庭。
三个作品是同种线材
合太线材 ×4/0号钩针
合太线材 ×7/0号钩针
合太线材 ×2/0号钩针
中细线材 ×3/0号钩针
高粗线材 ×8/0号钩针
这样啊，如果弄错的话就糟糕了！

注：不同生产厂家标签样式略有不同。

虽然有点担心，但是跟随老师的脚步，一定没问题！

本书中的独家绝学

1 看漫画了解编织全流程

主人公小白是编织新手。遇到不懂的、容易『踩雷』的难点，老师会帮忙逐个击破！你可以在后续的实践中，了解作品制作全过程。

2 全包括钩针、棒针

本书详细介绍钩针、棒针的针法，干货满满！钩针编织、棒针编织，还在傻傻分不清楚吗？本书为你准备了详细的对比说明。（p22～23）

新手也能做出成品！

有经验的同学可以查缺补漏！

5

配有同步视频，

编织不迷茫

『基础作品』配有视频讲解。此外，本书末尾的『针目符号和针法』部分也有配套视频。

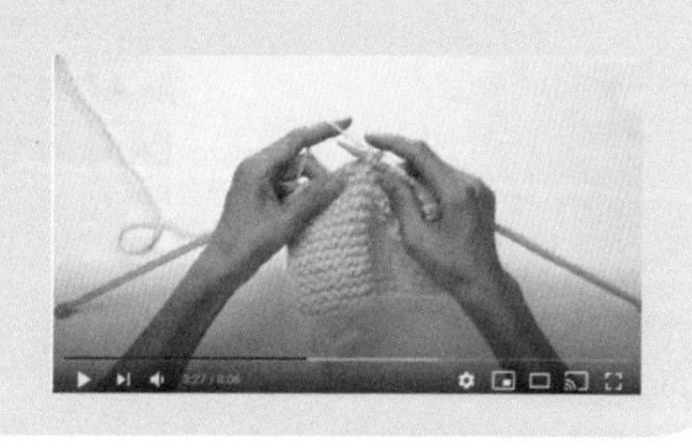

4

深入知识盲区，Q&A

让有经验的同学也能收获满满

一些有经验的同学已掌握了大部分针法，但是却有知识盲点……活用Q&A吧，解决困扰你许久的难题！

3

基础→进阶，

牢牢掌握

通过漫画，学习基础作品制作，再学习使用了同种针法的进阶作品。顺次习得，牢牢掌握编织技巧。

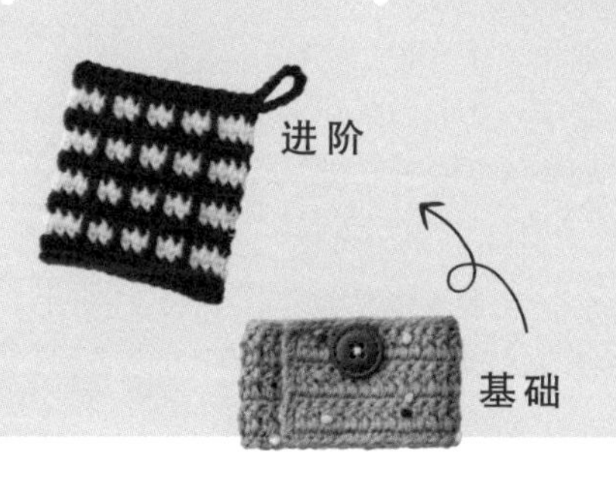

目录

序言：开始编织吧！……2
本书中的可爱小物……4
登场人物……17
漫画（序）：材料和工具的基础知识……18
本书中的独家绝学……34

Lesson 1 钩针的往返编织
漫画：咖啡杯套的编织方法……40
基础制作指南 咖啡杯套……63
进阶制作指南 腈纶洗碗刷（格纹款）……64
Q&A……66

钩针针法总结……68

Lesson 2 钩针的环形编织
漫画：隔热餐垫的编织方法……72
基础制作指南 隔热餐垫……94
进阶制作指南 腈纶洗碗刷（荷包蛋款）……96
进阶制作指南 遮阳帽……98
Q&A……100

Lesson 3 棒针的基础针法
漫画：暖手手套的编织方法……104
基础制作指南 暖手手套（成人款）……120
基础制作指南 暖手手套（儿童款）……121
进阶制作指南 桂花针围巾……122
Q&A……124

棒针针法总结……126

Lesson 4 棒针的交叉针编织
漫画：风帽围巾的编织方法……130
基础制作指南 风帽围巾……153
进阶制作指南 交叉针冬帽……158
Q&A……162

进阶教程 其他小物制作指南
基础制作指南 购物包……165
进阶制作指南 小物袋（a，b）……168
进阶制作指南 圈圈毛口金包……171
进阶制作指南 毛茸茸口金包……172
进阶制作指南 发带（a，b）……174
进阶制作指南 刺猬胸针……176

漫画（尾声）：与编织相遇……178
针目符号和针法……182
材料赞助……189
Q&A……190

如何活用本书

☆在漫画中理解

本书始终强调“先试一试”。
爱上编织、精通编织的关键，在于完成一件作品。
比起死记硬背，不如动手实操。
看漫画理解关键点，快和主人公小白一起试试吧。
掌握漫画中介绍的基础教程后，
请试试进阶教程吧。

☆在视频中把握流程

本书漫画介绍的基础作品和基础针法都有配套视频。
特别是基础作品的视频，编织前观看，可以作为模拟实践编织，让你更好把握制作流程。
基础作品视频，请扫描各篇章的二维码。
基础针法视频，参考p182开始的二维码。

Lesson 1

钩针的往返编织

用钩针往返编织的咖啡杯套，即做即用，成就感满满！

▶ **观看视频！**
咖啡杯套
编织方法

现在，我们先试着取线吧！
……取线？
笑眯眯
我记得……应该是从线团中心开始取线吧！
手作厂商对接负责人不是白当的！
答对啦！
一下子伸进去
遥远的记忆
嗯……
……
……
灵光一闪
嗯……咦？
一股脑儿抽出一团
不小心从线团里抽出一个小线团……
啊，老师！
救命啊～
没弄错，别担心！
冷静一点！

1 手指伸入线团中央，捏住中间的一束。

2 抽出小线团。

3 再将手指伸入小线团。

4 找到线头，编织时从这里开始。

从中间抽出的小线团，“8”字绕线整理后，更易取用！

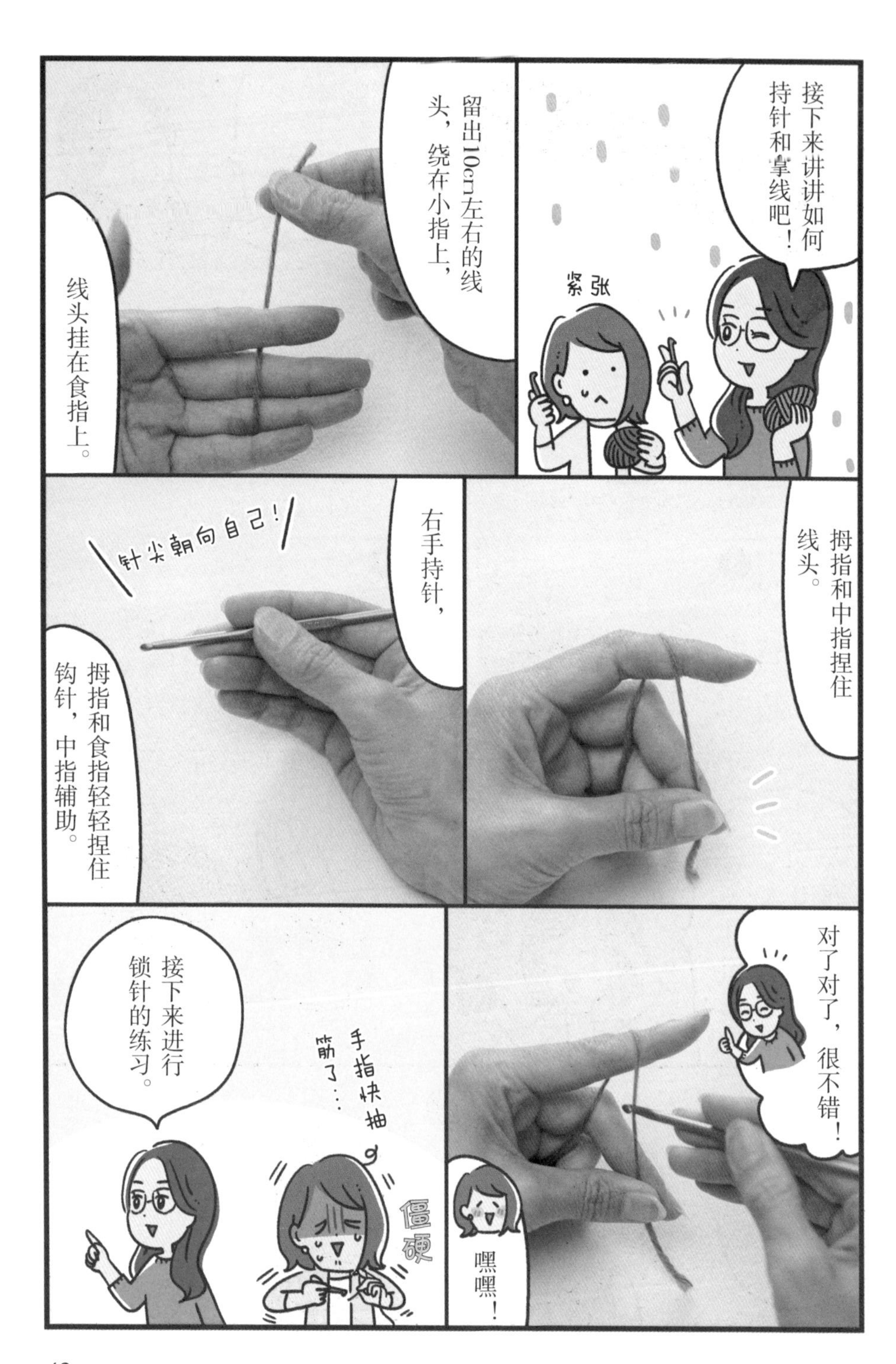

接下来讲讲如何持针和拿线吧！
紧张
留出10cm左右的线头，绕在小指上，
线头挂在食指上。
拇指和中指捏住线头。
右手持针，
针尖朝向自己！
拇指和食指轻轻捏住钩针，中指辅助。
对了对了，很不错！
嘿嘿！
接下来进行锁针的练习。
手指快抽筋了……
僵硬

最基础的针法！

锁针

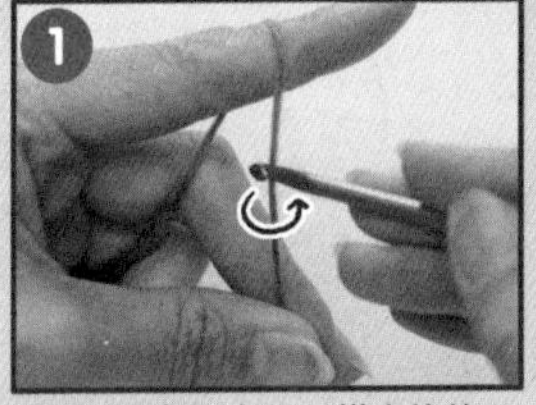

钩针针尖朝向自己，搭在线的后侧。如箭头所示，转动钩针。

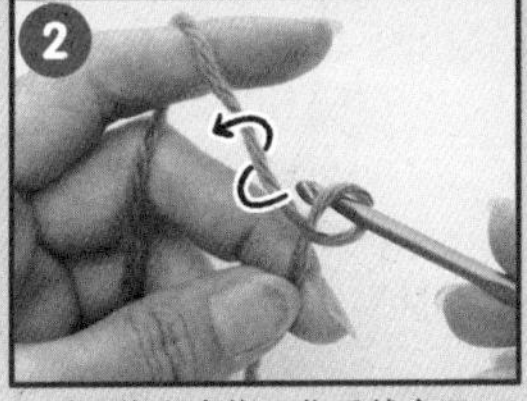

左手拇指和中指压住毛线交叉点，如箭头所示，用钩针挂线。

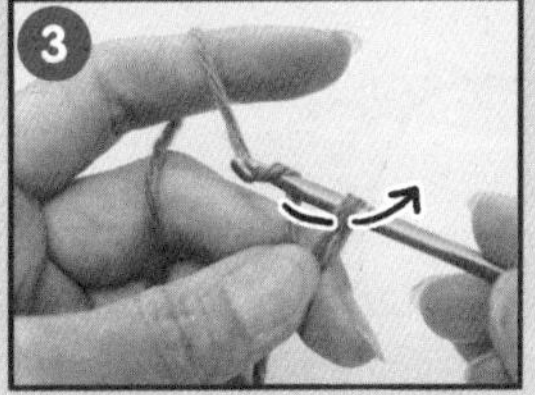

钩针挂线后，如箭头所示，将线从线圈中钩出。

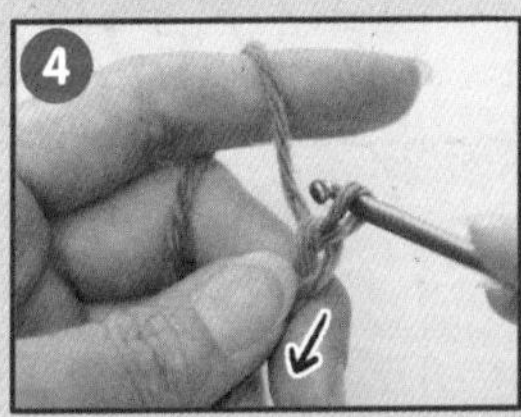

钩出线后，向下拉紧线头。

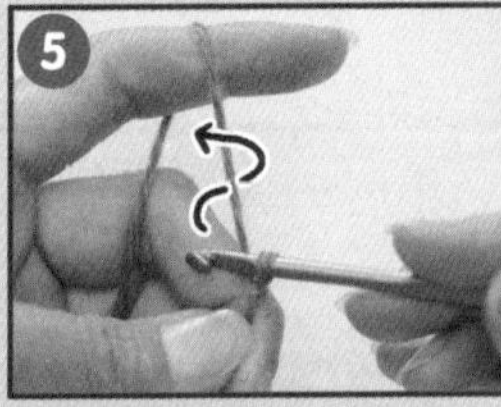

如箭头所示，用钩针挂线。

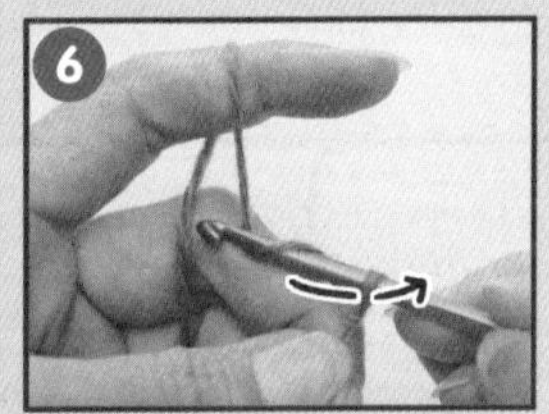

如箭头所示，挂线后钩出。

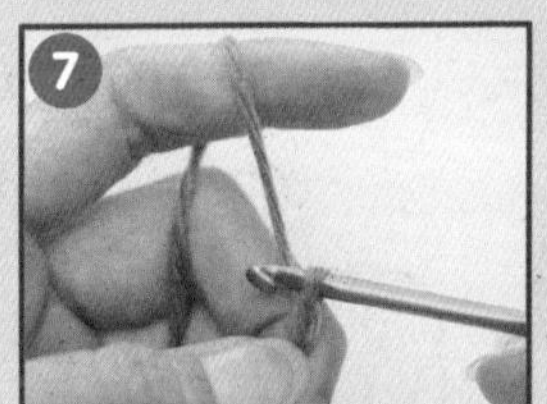

1针锁针完成啦！

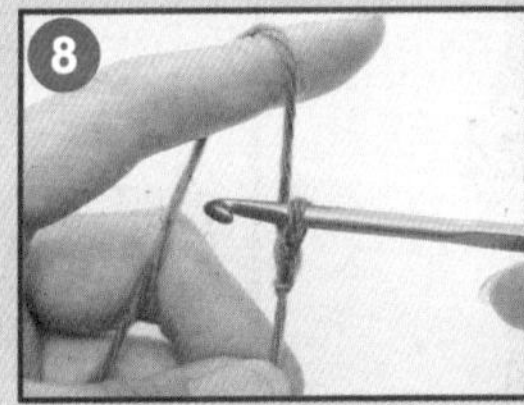

重复❺、❻，继续编织。

☆请参考p182。

完成啦！
……
歪歪扭扭～
咦？怎么感觉乱糟糟的？
老师，话说我现在到底在做什么？
这叫作『起始行』，相当于织物的地基，所以要认真编织呀！
啊，这看起来有点惨不忍睹啊……
怎么办……
关键是左手放线时需要用力均匀！
放轻松！
不要拉太紧，再试一次吧！
好的！
5分钟后
编织
编织
啊，这次变整齐了！
整整齐齐
很棒！
good！

接下来就跟着图解编织吧。
图解？
"兔姐"？
就是织物的『设计图』。
就是这个。
哇！看起来好难！
哈哈哈，没关系！
这是钩针的图解。从下往上，如箭头所示往返编织。
咖啡杯套图解
并排的符号叫作『针目符号』，一个符号是一针，横向并排就形成了行。
针目
行
从这里起始。
编织咖啡杯套有五个要点！理解之后就可以触类旁通！
咖啡杯套的针法要点
③ 短针
④ 锁针起立针
⑤ 长针
② 锁针起立针/针
① 起始行（46针）
原来如此……
?

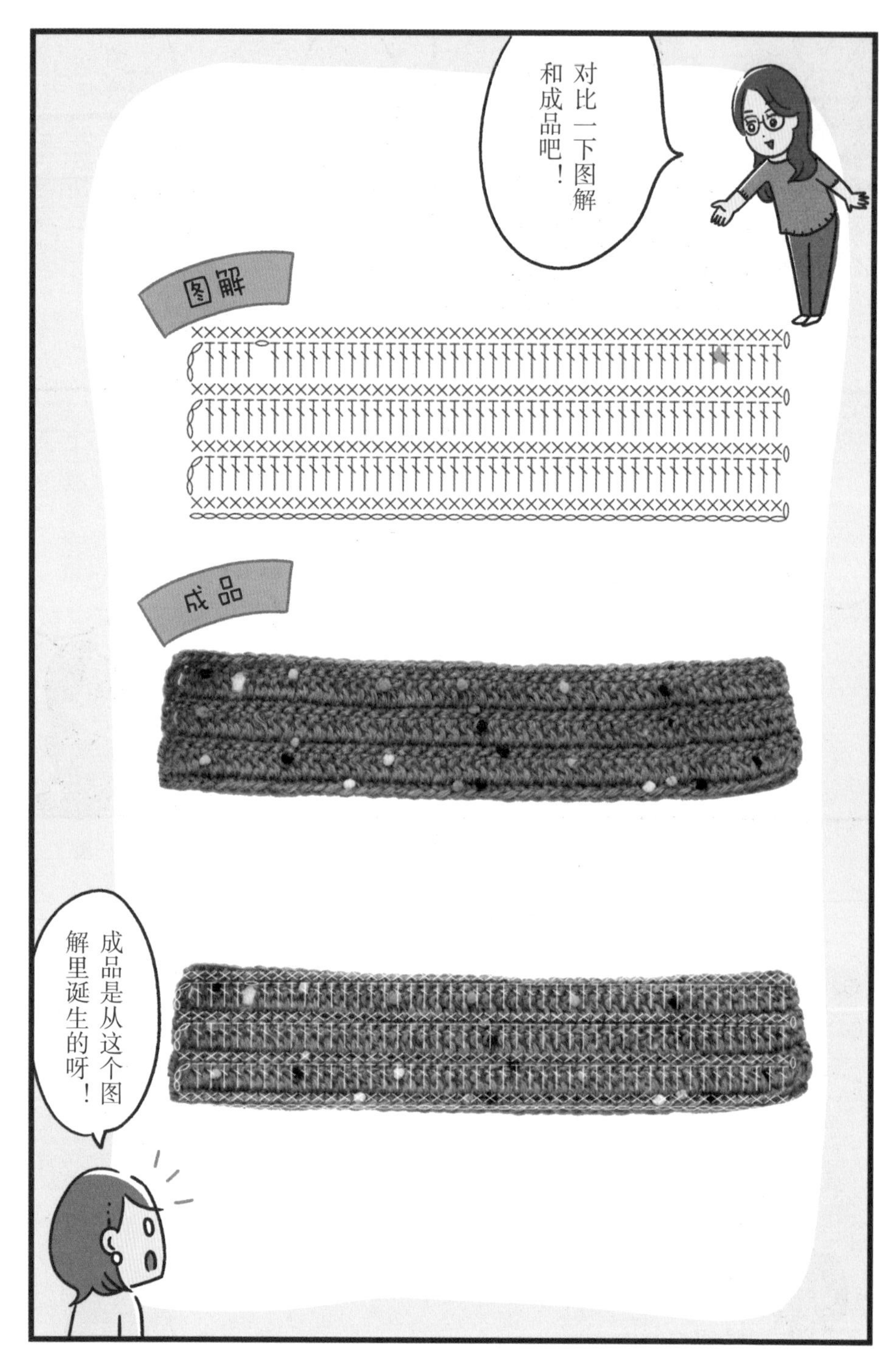
对比一下图解和成品吧！
图解
成品
成品是从这个图解里诞生的呀！

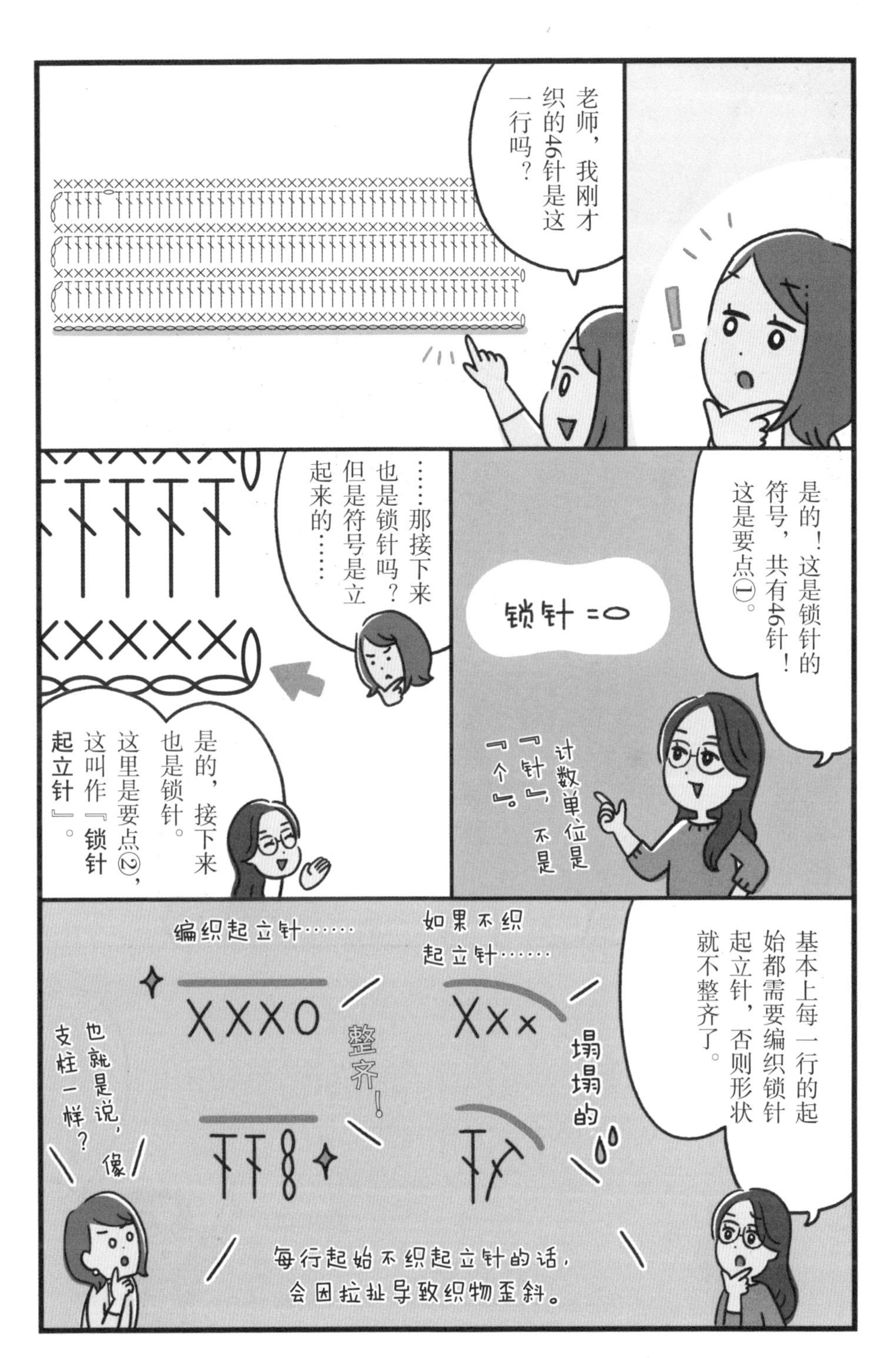
老师，我刚才织的46针是这一行吗？
是的！这是锁针的符号，共有46针！这是要点①。
锁针 =○
计数单位是『针』，不是『个』。
……那接下来也是锁针吗？但是符号是立起来的……
是的，接下来也是锁针。这里是要点②，这叫作『锁针起立针』。
基本上每一行的起始都需要编织锁针起立针，否则形状就不整齐了。
编织起立针……
如果不织起立针……
整齐！
塌塌的
也就是说，像支柱一样？
每行起始不织起立针的话，会因拉扯导致织物歪斜。

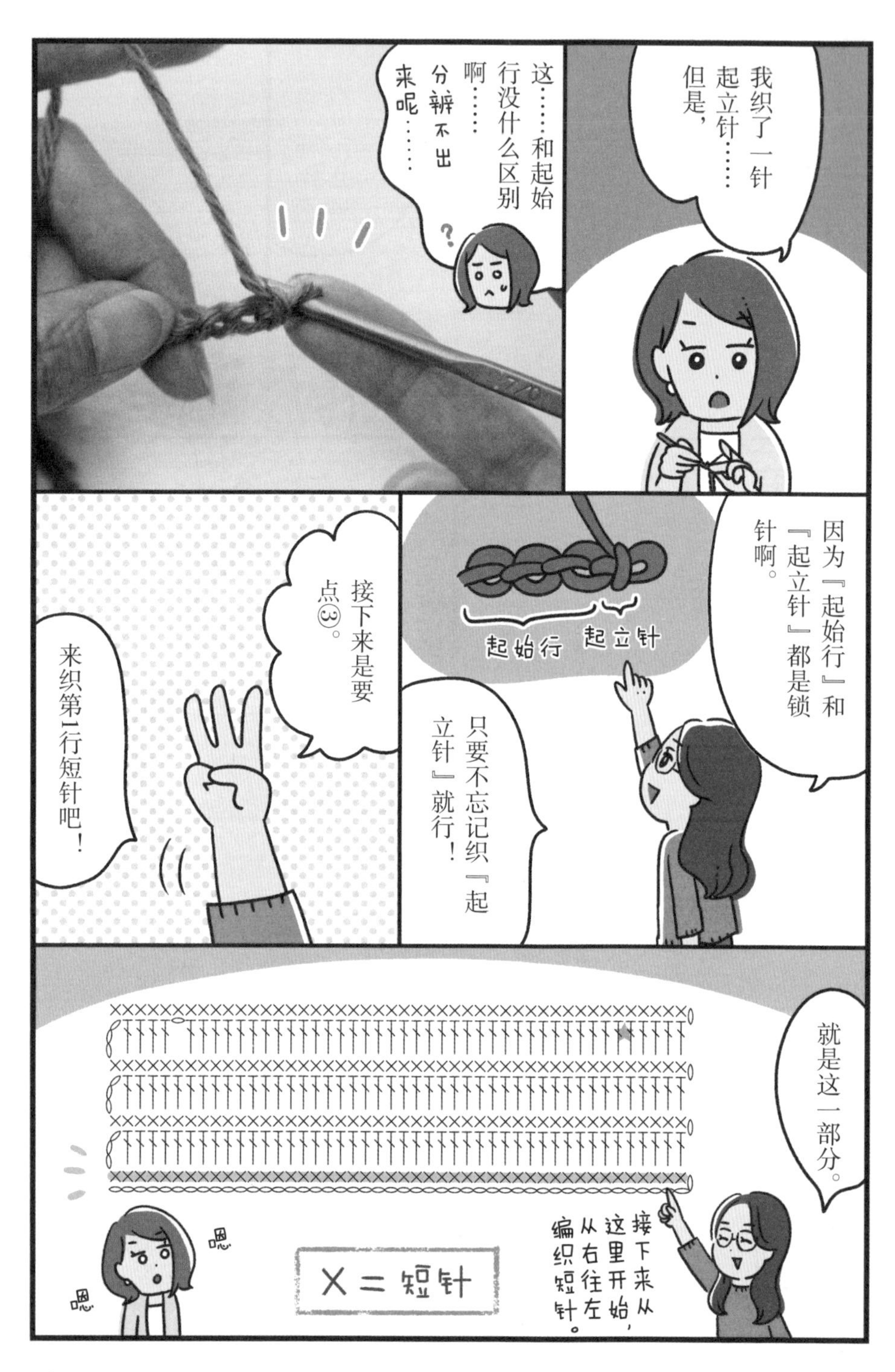

我织了一针起立针……但是，
这……和起始行没什么区别啊……分辨不出来呢……
因为『起始行』和『起立针』都是锁针啊。
起始行
起立针
只要不忘记织『起立针』就行！
接下来是要点③。
来织第1行短针吧！
就是这一部分。
接下来从这里开始，从右往左编织短针。
X＝短针
嗯
嗯

要点③
短针
☆请参考p182。
1
2
3
在46针起始行的锁针里山（见后文）入针。
挂线。
钩线拉出……就可以完成一针短针。
嗯……里山好难入针啊……
里山
焦躁
焦躁
用力
只有这一行比较费劲，注意不要太用力……
好难！
不
用力
放松。
颤抖
同样编织46针，第1行就完成啦！
完，完成啦！
这是正面
嗯！很整齐呢！

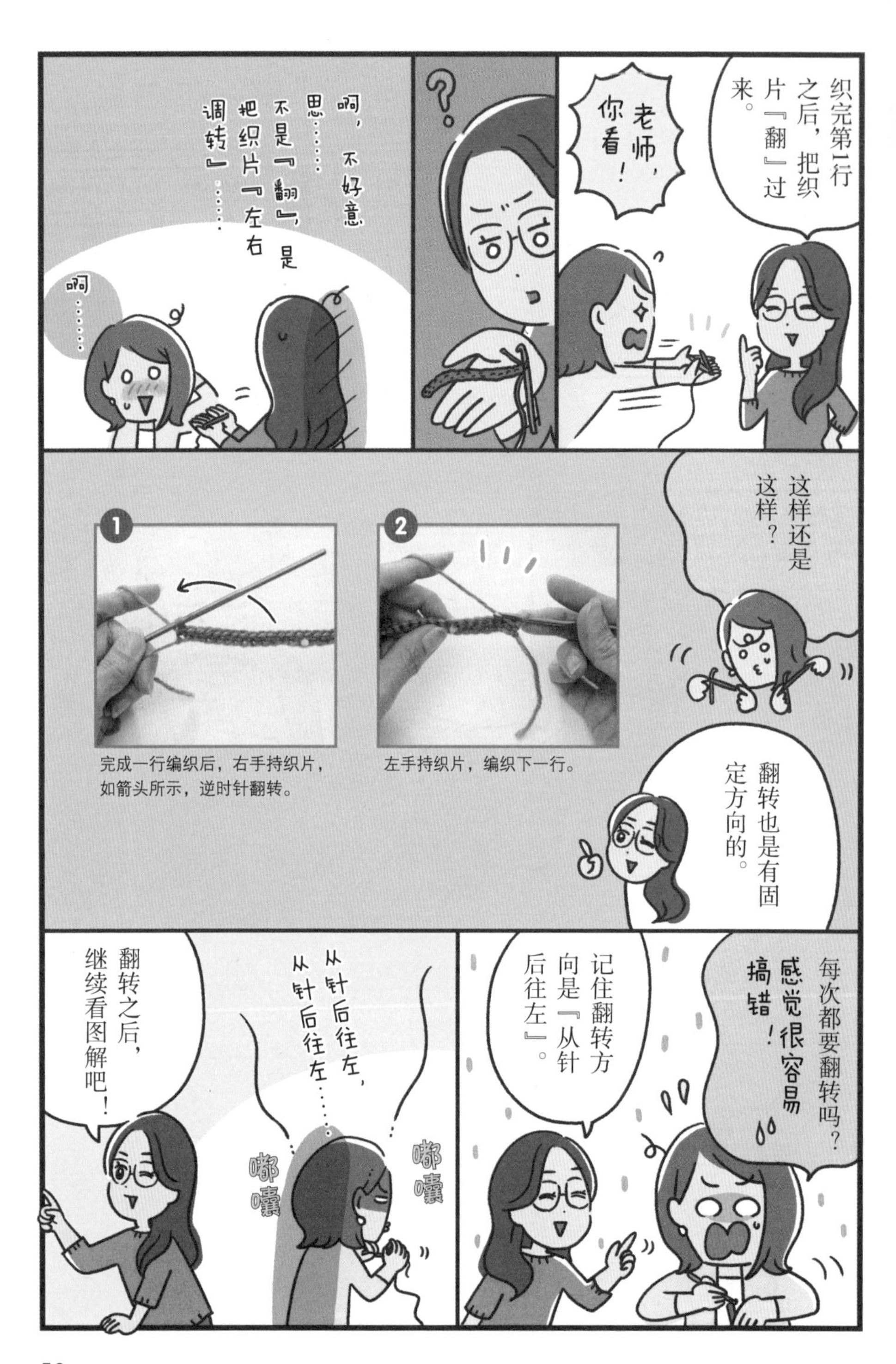
织完第1行之后，把织片『翻』过来。
老师，你看！
啊，不好意思……不是『翻』，是把织片『左右调转』……
啊……
这样还是这样？
完成一行编织后，右手持织片，如箭头所示，逆时针翻转。
左手持织片，编织下一行。
翻转也是有固定方向的。
每次都要翻转吗？感觉很容易搞错！
记住翻转方向是『从针后往左』。
从针后往左，从针后往左……
嘟囔
嘟囔
翻转之后，继续看图解吧！

嗯……刚刚织到这里了，
接下来是第2行，图解是从左往右看的吧。
对！首先织3针锁针起立针吧！
这次是3针呢。
符号也是三个连在一起的！
第2行是长针，这种针目比较长。
所以为了让织片四角整整齐齐，起立针也需要多织两针。
统一长度
先织3针锁针……吧！
编织
编织
编织
完成啦！
好的！

要点③ 长针

☆请参考p183。

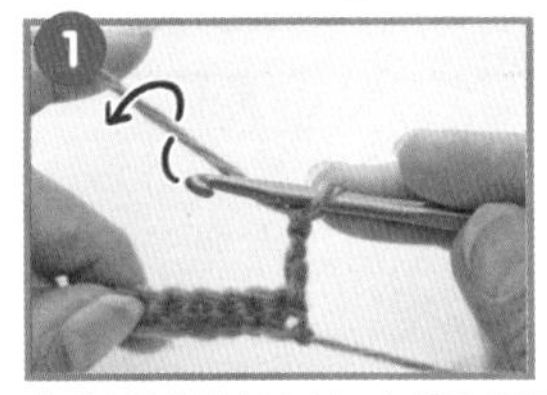

完成3针锁针起立针，如箭头所示挂线。

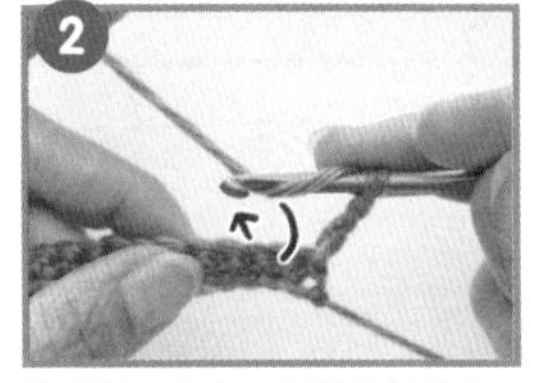

挂线后，在上一行的半针处入针。

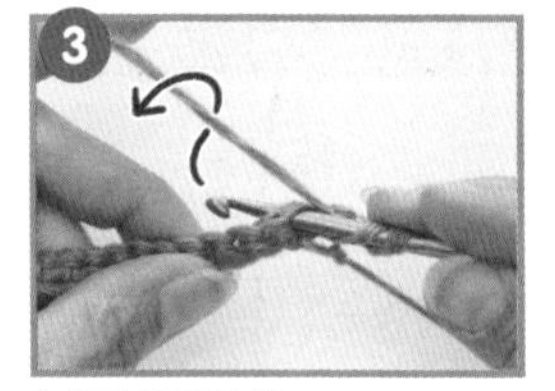

如箭头所示挂线。

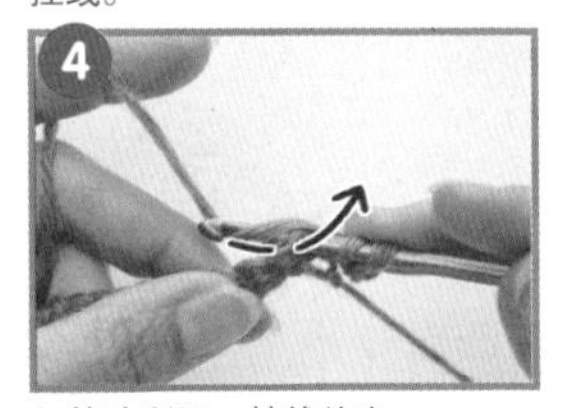

如箭头所示，挂线钩出。

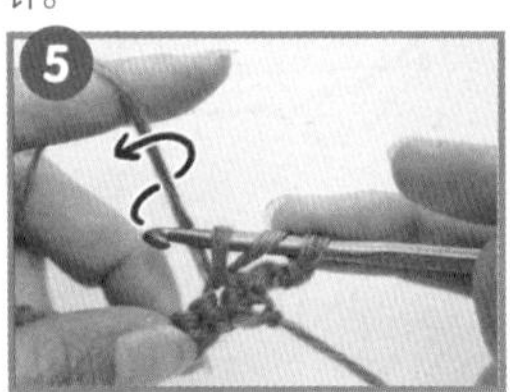

拉线1～1.5cm，继续挂线。

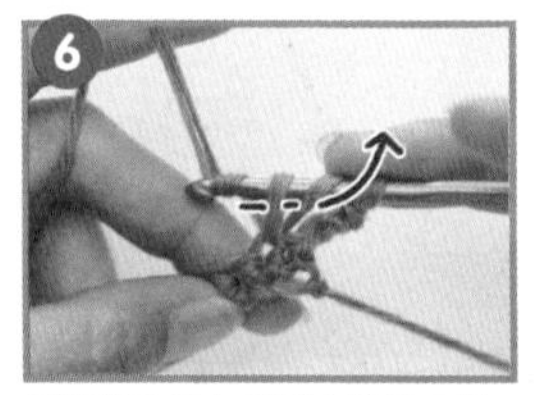

穿过挂在针上的两个线圈，将线钩出。

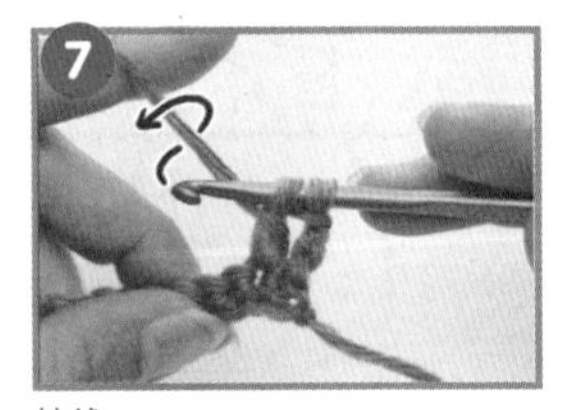

挂线。

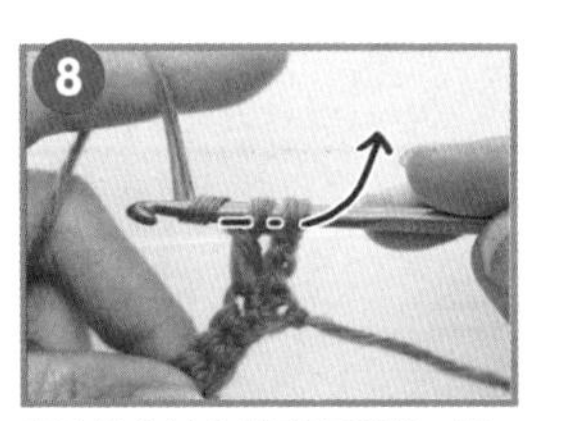

穿过挂在针上的所有线圈，将线拉出。

完成1针长针。

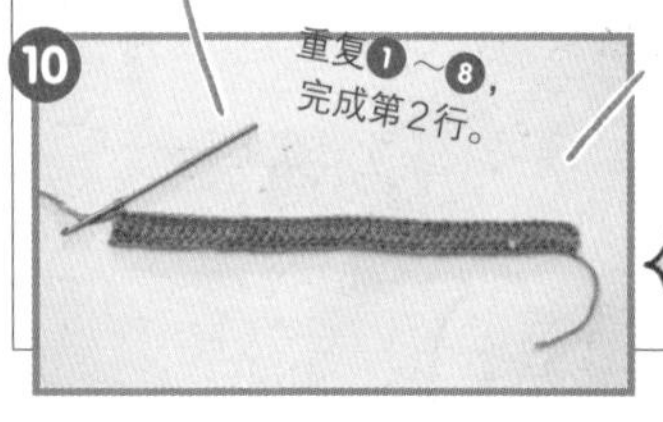

长针＝下

比起从锁针里山入针的第1行，容易织了！
如老师所说！
而且还因为织片变硬挺了，第2行开始就从上一行的半针处入针，会轻松很多。
第2行完成！
咦？看图解，第3行以后是重复操作呢……
感觉不难！
图解接下来是从右往左，编织1针锁针起立针。
嗯嗯，就是这样。
和第2行一样，继续从半针入针，织短针！
已经记住啦～
对了，等一下！
之前第2行是3针锁针起立针，所以从第2针目的半针开始编织。但是短针行的锁针起立针不算1针，所以直接从第1针目入针！
不是这里
从这里开始编织
嗯……仔细看看图解，确实是这样啊……
这样就OK了！

老师，第3行的最后一针要从哪里入针啊？
嗯？
嗯
好问题！很多人都会在这里弄错。
从上一行起立针的第3针入针。
完成一针短针。
这样第3行的最后一针针目就完成了！
嘿嘿……
接下来重复操作！按照图解继续编织吧！
现在的实物是这样的
好的！
聚精会神
不声不响

老师！
织到第6行的第4针了，这里要怎么做呀？
这是纽扣孔。
小白，还记得这个符号是什么吗？
嗯……应该是锁针吧。
是的！所以织1针锁针就可以了。
编织1针锁针，
接下来空1针，继续织长针吗？
空1针，继续织长针
正确！

沉着冷静
看图解，
不慌不忙
乐编织。
小白
继续冲呀！
不声不响
嗯？
老师，第7行的第41针怎么织呢？
上一行这里对应的是锁针。

☆请参考p184。
如箭头所示入针。
入针。
完成1针短针即可！
这样就可以啦！
直接在纽扣孔入针就可以了啊！
像这样，不在上一行的锁针针目入针，而是直接从孔洞入针，相当于在上一行孔洞入针。
锁针针目入针
在上一行孔洞入针
有什么区别呢？
嗯……在上一行孔洞入针比较简单吧。
遇到下面一行是锁针的情况，基本上在上一行孔洞入针就可以了！
好——的！

锵锵——
啊
全部织完啦！
哇～
之后钩织5针……
编织
编织
多亏了老师！
泪目
泪目
等收针之后再激动吧……
紧握
嗯！顺利完成了呢！
感动
需要使用这种钝头针！和缝合针不一样，钝头针尖端是圆圆的。
这是完成作品必需的工具，所以，最好事先准备好。
根据线材粗细，选择针孔大小合适的钝头针。
这次用这个。

收针方法

按照图解完成钩织后，再钩织1针锁针。

拉长线圈，在10cm处剪断。

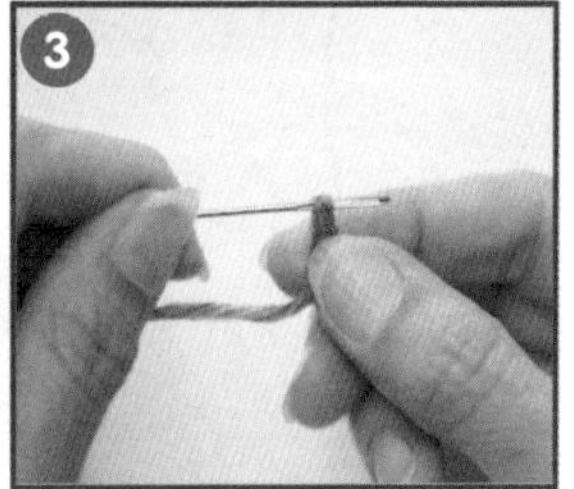

手持与织片相连的线端，用钝头针折叠2cm左右。

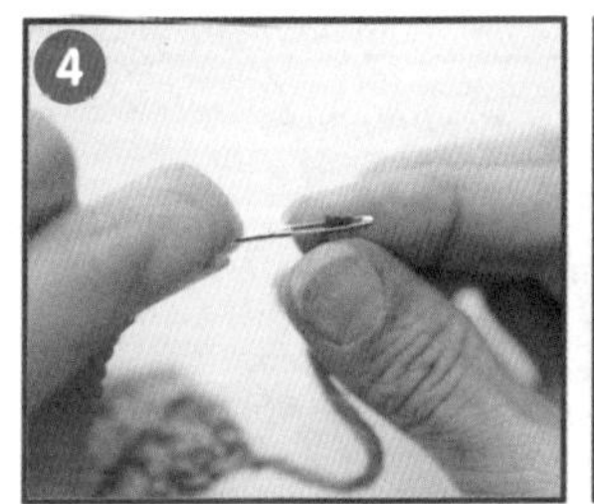

将线材穿进针孔。

将针穿过织片背面。

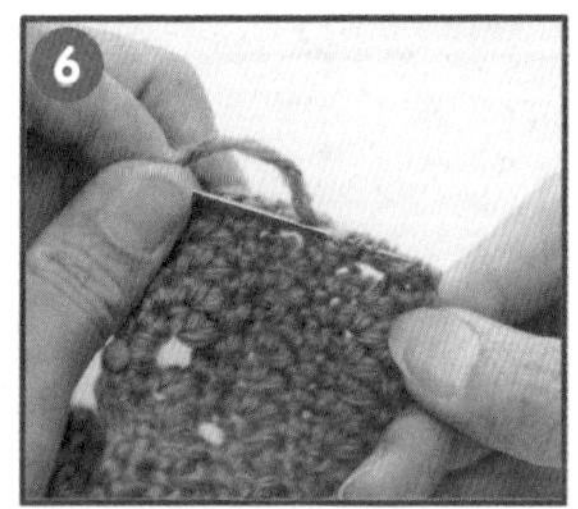

再反向穿线一次。

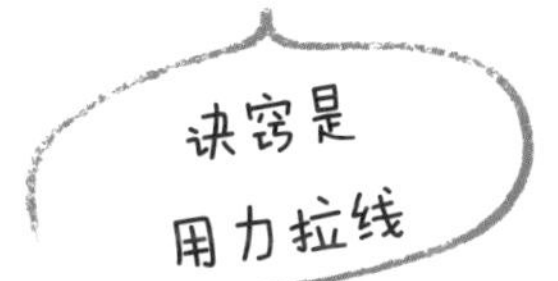

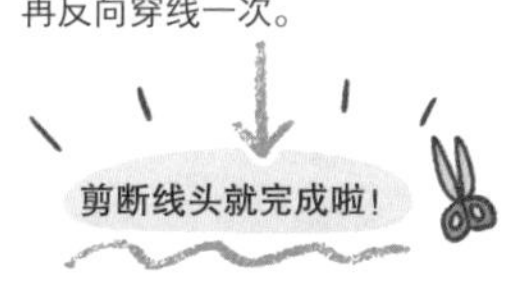

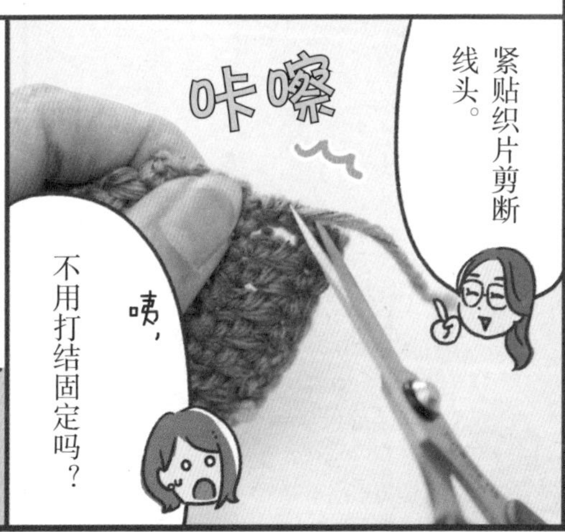

完成！
正
反
完成啦！花了大约w小时。
呼——
作为新手，小白做的真不错！
谢谢老师，今天我就先回去啦。
收拾
肚子饿了！
收拾
啊！等一下，还没有完成！
咦！还有什么工序？纽扣吗？
不是啦。
在缝纽扣之前还要熨烫一下。
把蒸汽熨斗悬在织片上方，让蒸气充分渗透织片……
唰
哇！好厉害！变得柔软蓬松又整齐！
柔软蓬松
织物的缝隙也不那么明显了。
是的，要记住熨烫可以让织物更加精致漂亮。

将纽扣放在图解的指定位置，穿针引线后，从背面插入线孔。

线孔处十字交叉缝钉，在纽扣背面的线脚绕线几圈。

背面打结固定。

我回来啦！
妈妈你回来啦！
你们都洗好澡啦！
你回来啦！编织教室……怎么样呀？
丈夫
女儿（4岁）
做了个超可爱的小物件！
明天我要拿到公司去用！
嘿嘿
真不错呢！
嘿，小福，看这个！
闪亮
只要妈妈努力，也是可以做到的哟。
？
很可爱吧！这是咖啡杯……
啊，这是送给小猪的吗？
小猪（玩偶）
啊？
期待
期待
啊……嗯……是呀！
哇，谢谢妈妈！
真的吗？！
勒紧
勒紧
小白决定再做一个。

复习

基础制作指南

咖啡杯套

学习一下如何看图解吧！

生厂商　线材　色号（色彩名称）

线材：横田DARUMA soft lambs Seed柔软种毛彩点毛线　#2（茶灰色）11g

用针：钩针　7/0号

密度：10cm×10cm为17针×12行

尺寸：6cm×27cm

编织方法：单股钩织。

锁针起针，按照图解钩织。

最后缝钉纽扣。

用量

必需的线团数量

密度相关讲解参见p101

设计简图

6（7行）　纹路编织　7/0号　27（46针）

称为“设计简图”，表示作品的尺寸或结构

表示6cm（7行）。单位常省略

箭头表示编织方向

此为“图解”，解读方法参见p45

图解

○ = 锁针

× = 短针

= 长针

★ 纽扣位置

以后就可以看懂编织类图书了！

进阶制作指南

腈纶洗碗刷（格纹款）

线材：HAMANAKA BONNY粗邦尼腈纶线 #473（藏青） 10g

HAMANAKA BONNY粗邦尼腈纶线 #401（白） 5g

用针：钩针 7.5/0 号

密度：10cm×10cm 为 13.5 针 ×15 行

尺寸：12cm×12cm（不含提手）

编织方法：单股钩织。

锁针起针，按照图解钩织。

最后钩织提手。

设计简图

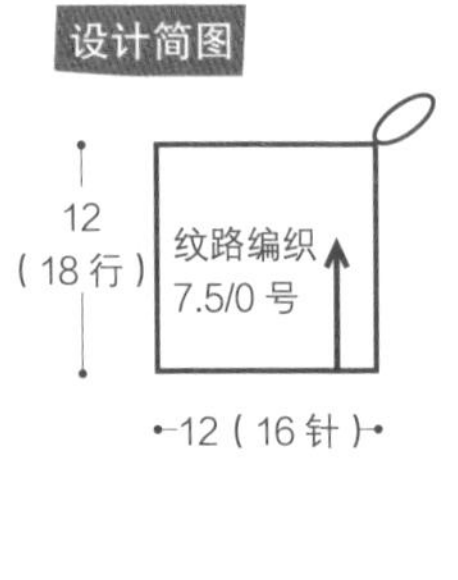

× #473（藏青）

× #401（白）

图解

→18 ←15 →10 ←5 →2 ←1

16 10 1

起始行 16 针

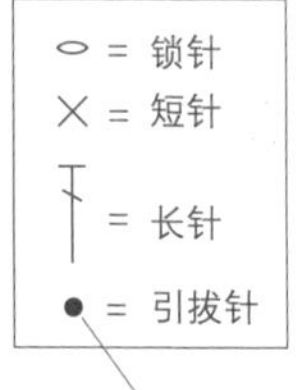

引拔针用●或⬬表示

要点① 换色

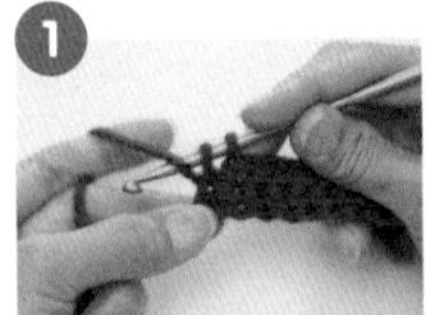

钩织第2行最后1针短针时，在针上有两个线圈时挂线，固定线端。

在针上挂另一种线（图例为白色），将线钩出。

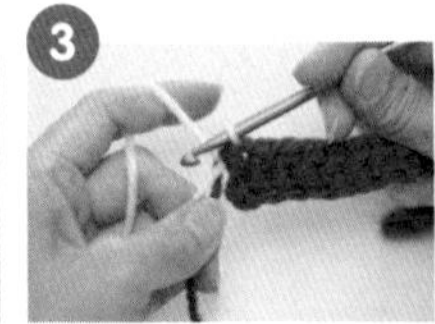

图为拉线后的样子。

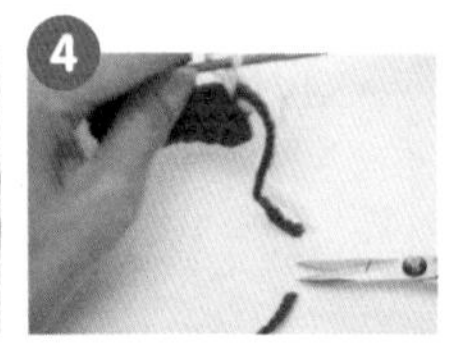

原色线材（图例为藏青）留 8cm 左右的线端剪断，继续钩织白色。

要点② 纹路编织的方法

[第5行]

1

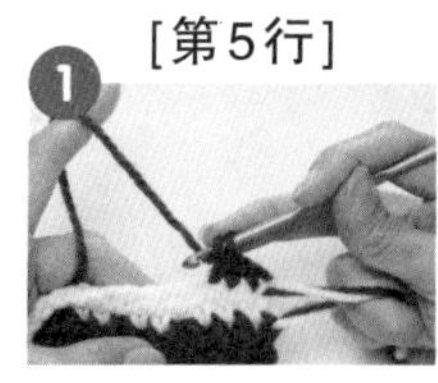

图为编织了1针锁针起立针、3针短针的样子。

2

在第2行短针的半针处入针，运用长针针法，在针上挂线。

3

用钩针往前将线钩出，运用长针针法，将线拉出两个线圈。

4

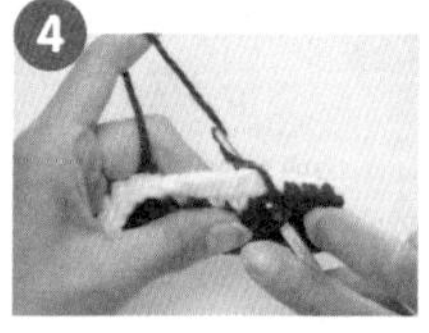

重复❷，入针挂线。

5

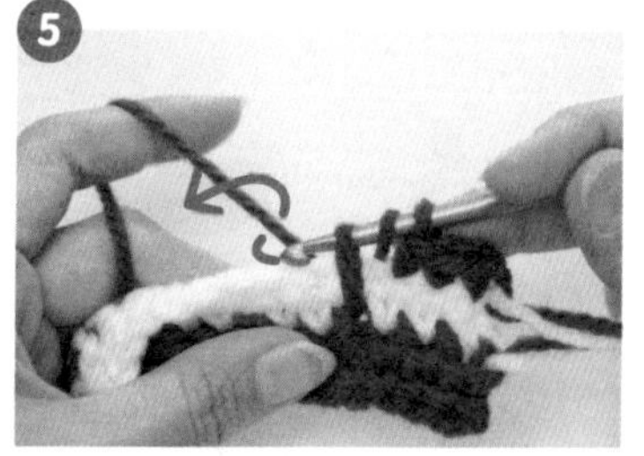

挂线后钩织长针。

6

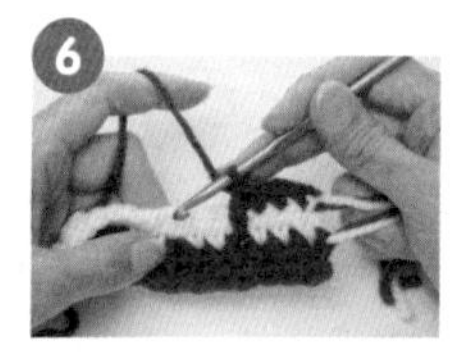

钩织完长针的样子。

7

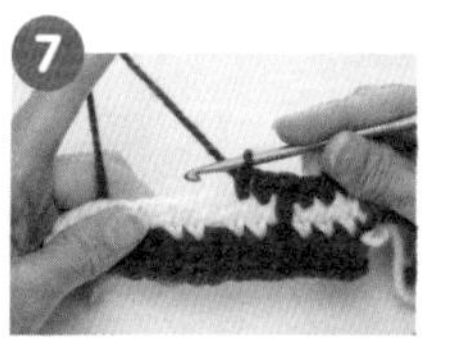

按照图解，继续编织。

就算不使用清洁剂，腈纶洗碗刷也可以高效清洁餐具，安全又环保！编织时犯点小错误也无伤大雅，特别适合初学者！

要点③ 提手的编织方法

1

按照图解，钩织12针锁针。

2

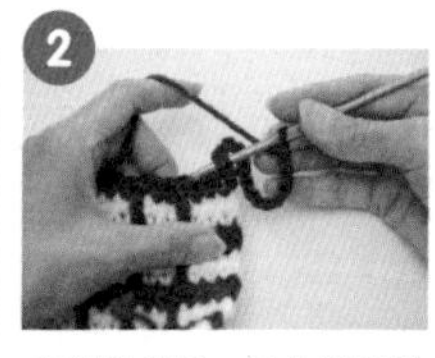

在织片最后一针处钩织引拔针。

3

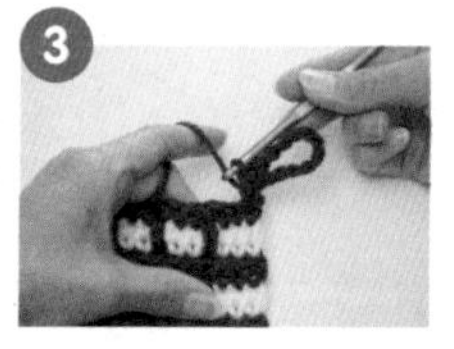

最后钩织1针短针，预留10cm线头，剪断收针。

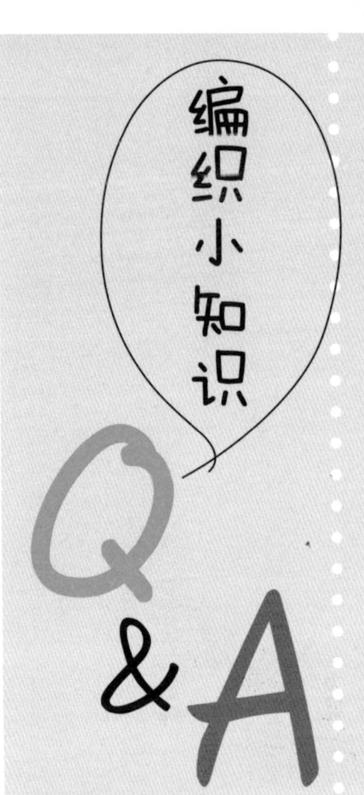

Q 编织途中拔针再重新入针时……总觉得哪里怪怪的！

A 线圈方向可能不同！

能注意到这一点很好！这是一个易错点。钩针要如左上图所示插入线圈。针很容易从线圈中滑出，沉着冷静地让其归位吧。

Q 织错了，要不要拆掉？

A 请尽情拆！

有人会因为织错了而将织物全部拆掉，也有人不在意小瑕疵，继续钩织。这都是性格使然，二者皆可。拆后的线材可用蒸汽熨斗熨烫使其柔顺。

Q 我是左撇子……

A 推荐右手编织。

推荐左撇子也用右手编织，本书介绍的作品也是以右手编织为前提的。

Q 针目太紧，钩针难以入针！

A 钩针和线圈之间留出空隙，让针可自由活动。

编织时如果拉线太紧，会导致线圈过小，难以编织。这种情况下强行继续钩织的话，会导致织片发硬，也可能导致尺寸『缩水』。线圈如果总是过小，请有意识地宽松放线。

\ OK /

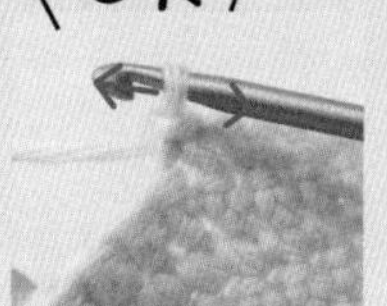

线圈较为宽松，钩针可活动。

\ NO /

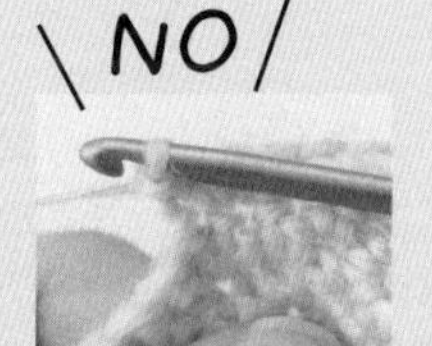

线圈过小，钩针动不了。

Q 明明是『长针』，但是针目好小。

A 可能是线拉得不够长。

钩织长针或中长针（p97），第一次挂线穿过线圈时，线稍微拉长一些，效果更佳。如果线拉得不够长，针目看起来就像塌了一样，对比照片看看吧。

\ OK /

拉线充分。

\ NO /

拉线不足。

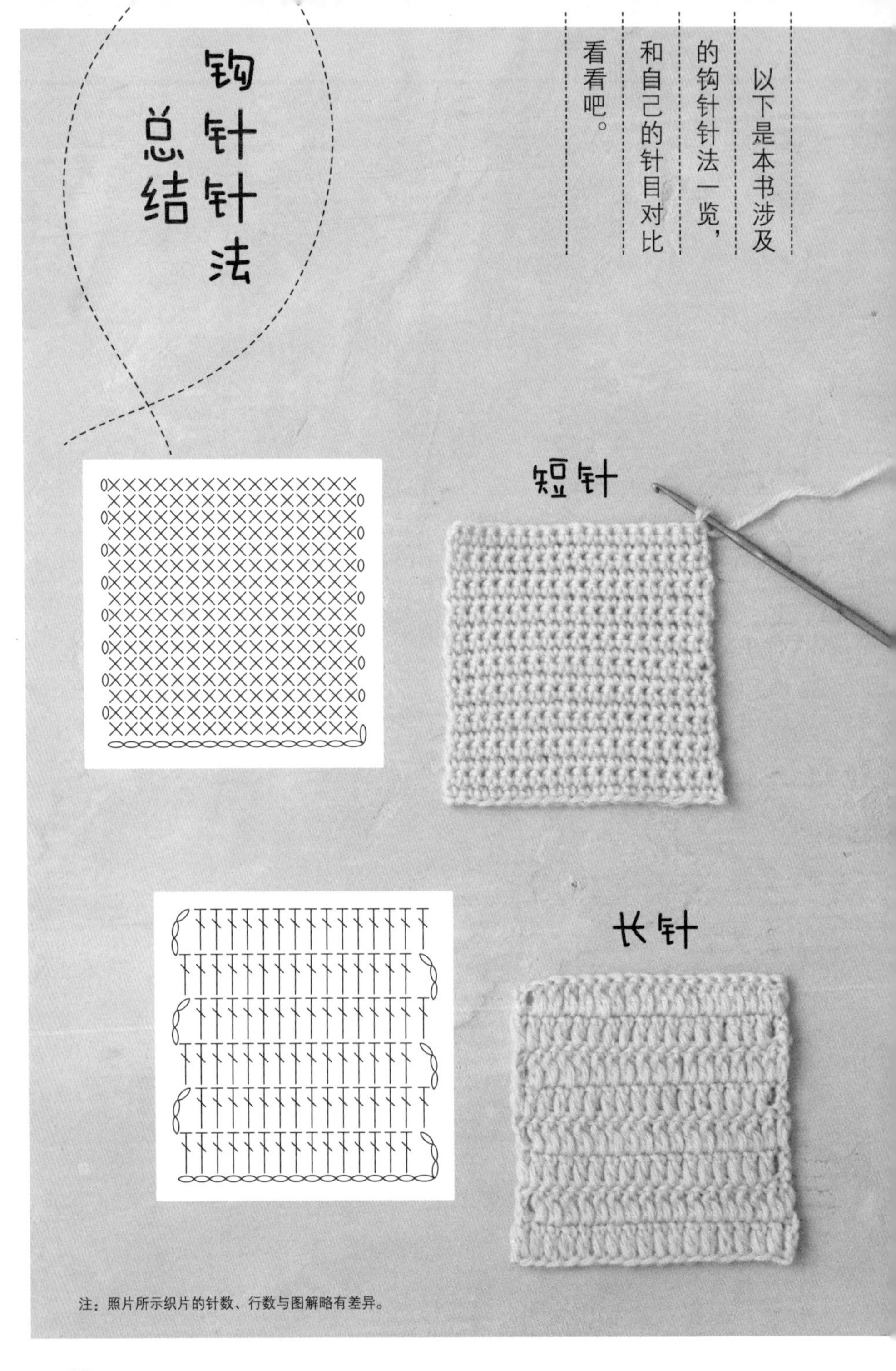

注：照片所示织片的针数、行数与图解略有差异。

中长针

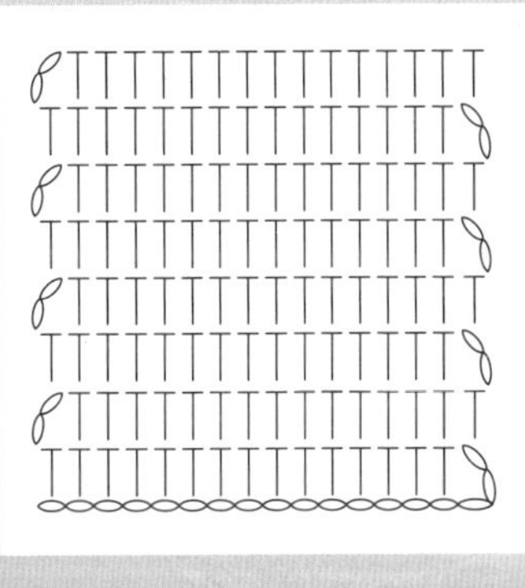

短针的条纹针

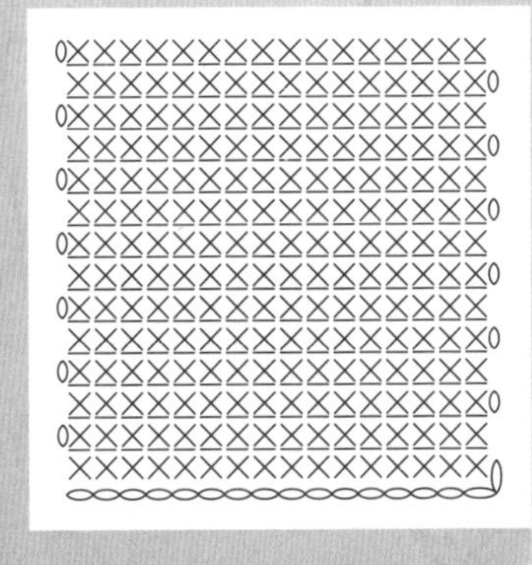

Lesson 2

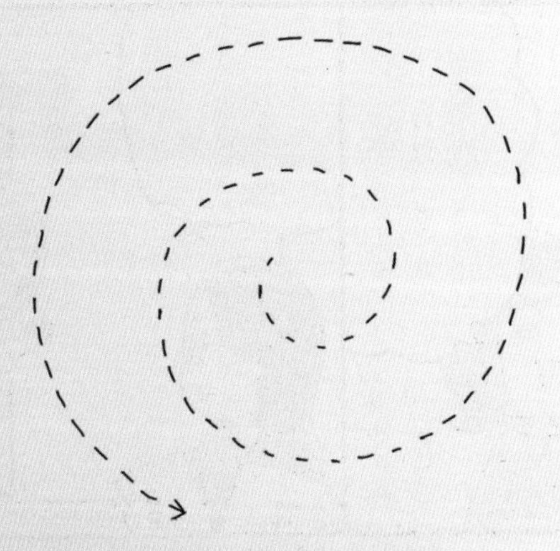

钩针的环形编织

环形编织技法在钩针编织中大放异彩。

接下来试着钩织并连接花片，制作隔热餐垫吧。会短针、长针、锁针就可以轻松完成！

▶**观看视频！**
隔热餐垫
编织方法

老师！
开门
你好！
上节课之后，有自己练习钩针编织吗？
有！杯套被女儿抢走了，所以又做了两个新的，我跟老公用。
我还试着换了线。
锵锵
咦，你女儿也用咖啡杯套吗？
嗯……
勒紧
女儿的朋友……
那接下来想做什么呢？
再完成一件钩针作品吧！
好的！我在网页上看到一件中意的……
看起来是用锁针和长针织出来的……
好美，是隔热餐垫呀！小白能编织成的！
这次不是往返编织，而是要一圈圈钩织。
转圈……
虽然走向不一样，但是针法大致相同。
我有类似的图解，来看看吧。

隔热餐垫图解
这是作品整体的图解。
从这块花片开始编织。
从中央向外逆时针钩织。
之后再把几块花片连接起来。
连起来？
听起来更难……
怎么样？
而且一看就知道要织同样的四块……
嗯……
感觉……可以完成吧……
盯……
又感觉……
完全做不到……
冷静！跟着图解钩织没问题的！

首先环形起针！
注意！和上次稍有不同。
抽取10cm线材，在左手食指上绕两圈。
缠绕
用左手的拇指和中指压住重叠的三个线圈，抽出食指。
缠绕两圈……
还用不上钩针啊。
最开始不用的。
现在就可以拿起钩针了！
好的！
拿出
像这样右手持针。
3~4cm

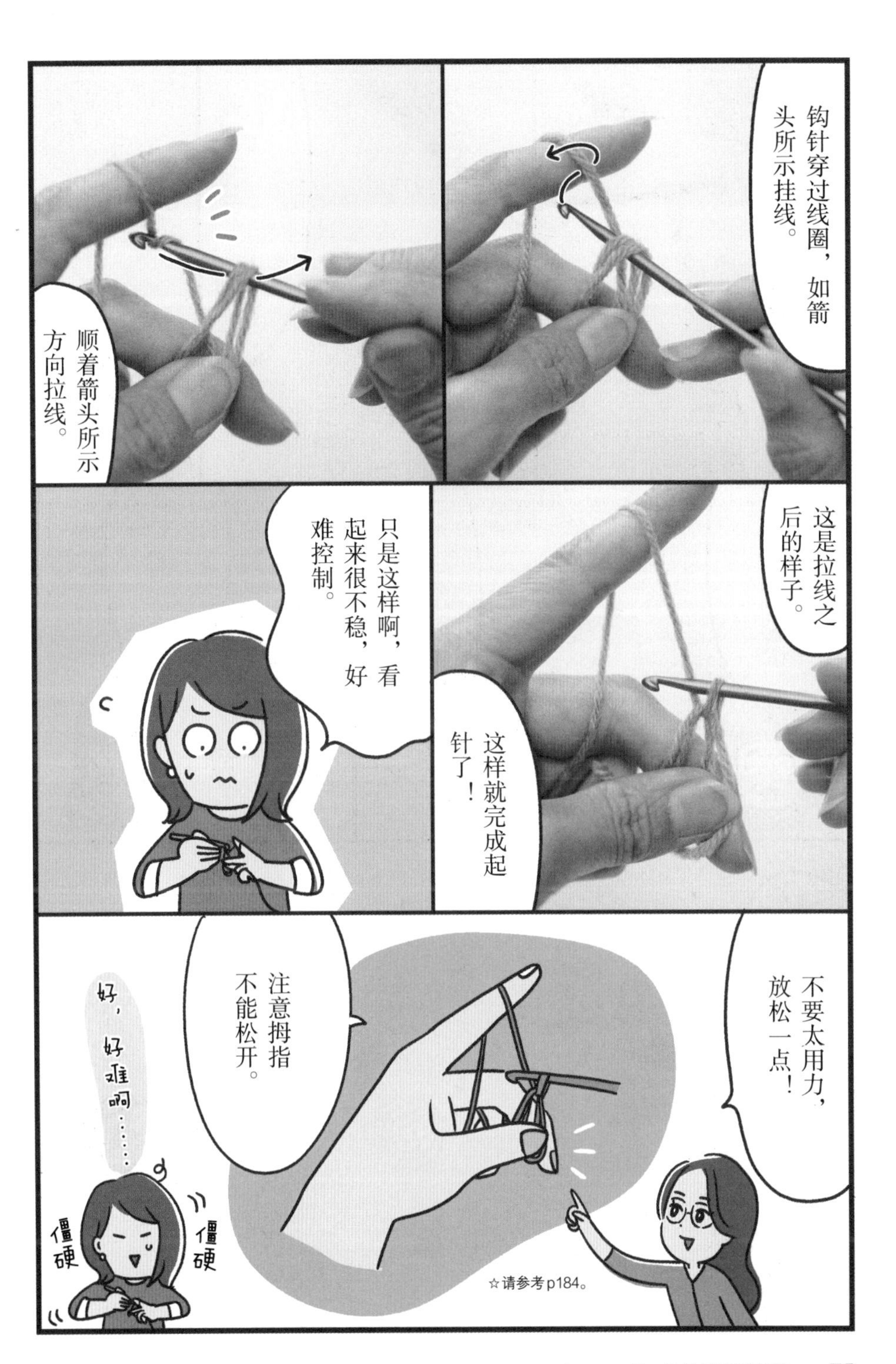
钩针穿过线圈，如箭头所示挂线。
顺着箭头所示方向拉线。
这是拉线之后的样子。
这样就完成起针了！
只是这样啊，看起来很不稳，好难控制。
不要太用力，放松一点！
注意拇指不能松开。
好，好难啊……
僵硬
僵硬
☆请参考p184。

起始行已经完成，接下来钩织第1行吧。
起始行完成后，在针上挂线，
钩织3针锁针。
编织
编织
3针……完成啦！
注意到了吗？
？
这是锁针起立针。
中间这里
圆
环形也需要起立针啊！
当然也有一些环形编织不需要起立针，直接钩织就好。
但是对于初学者来说比较难，所以先推荐需要钩织起立针的作品。
有起立针
无起立针
每一行钩织起立针，不容易弄错行数。
无起立针，计算针目比较困难。
我明白啦！
那就得时刻记住要钩织起立针。

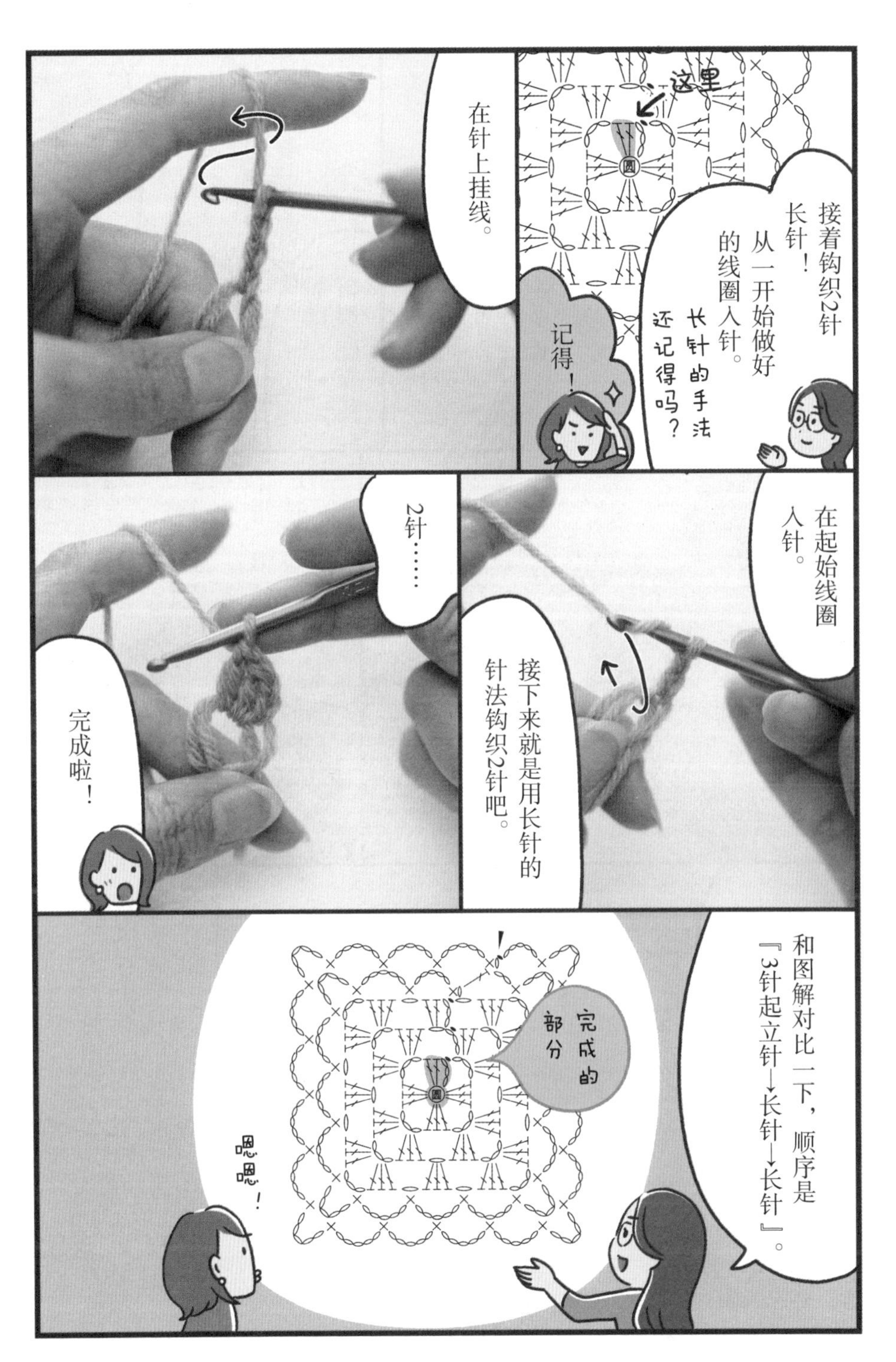
在针上挂线。
这里
圈
接着钩织2针长针！从一开始做好的线圈入针。
长针的手法还记得吗？
记得！
在起始线圈入针。
接下来就是用长针的针法钩织2针吧。
2针……
完成啦！
和图解对比一下，顺序是『3针起立针→长针→长针』。
完成的部分
嗯嗯！

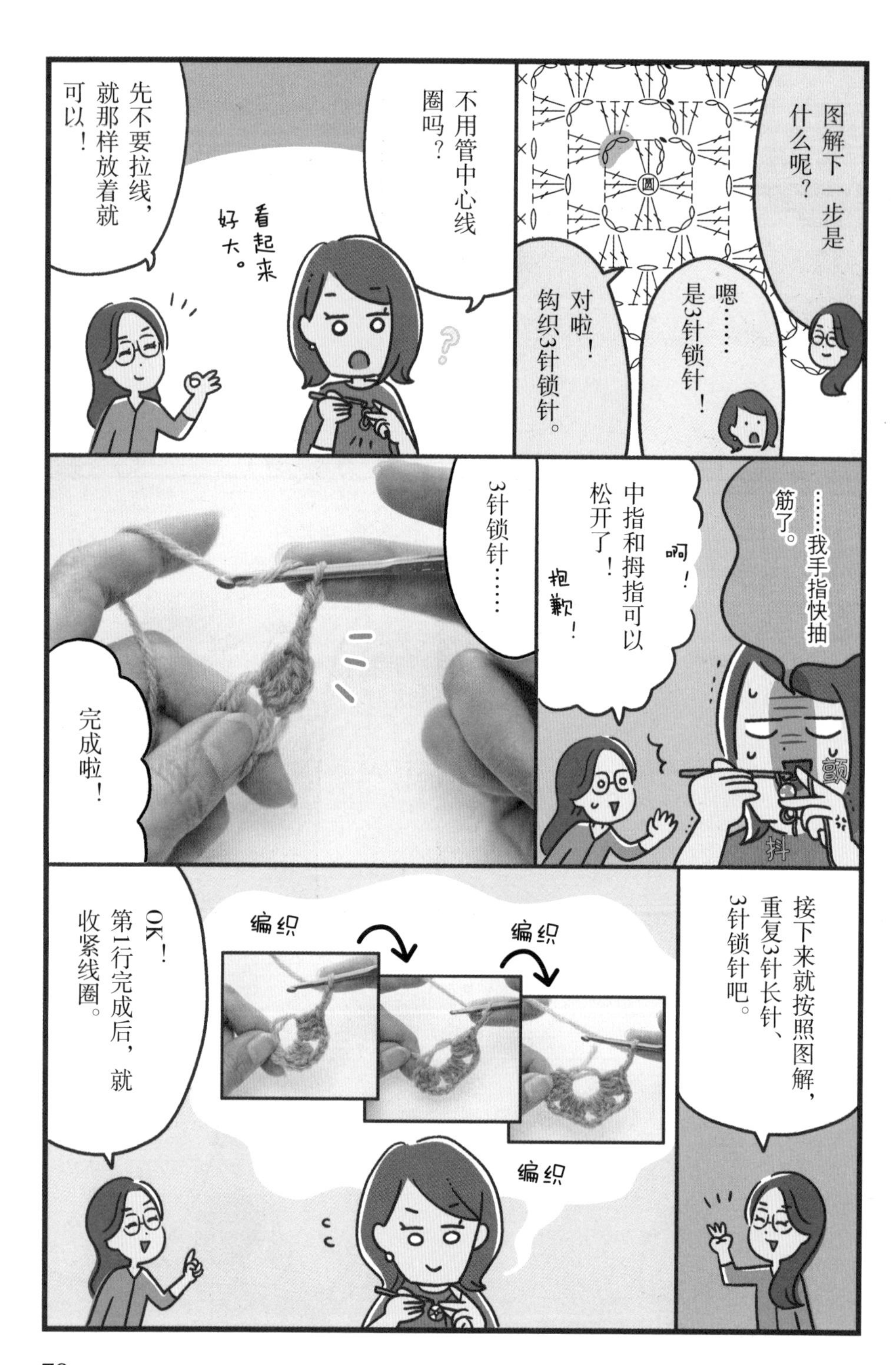
图解下一步是什么呢？
嗯……是3针锁针！
对啦！钩织3针锁针。
不用管中心线圈吗？
看起来好大。
先不要拉线，就那样放着就可以！
……我手指快抽筋了。
颤
抖
中指和拇指可以松开了！
啊！抱歉！
3针锁针……
完成啦！
接下来就按照图解，重复3针长针、3针锁针吧。
编织
编织
编织
OK！第1行完成后，就收紧线圈。

线圈的收紧方法

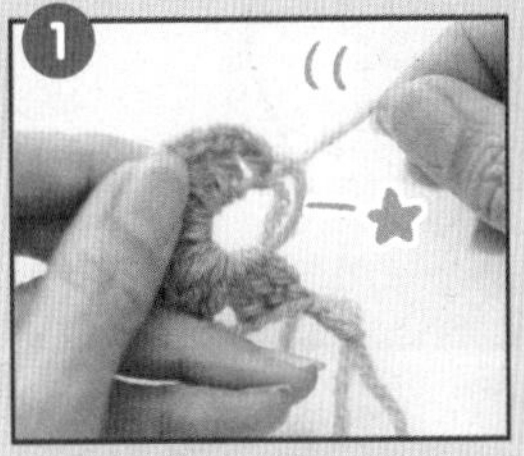

轻轻拉动钩织前预留的线头，观察两个线圈中哪根线被拉动了。

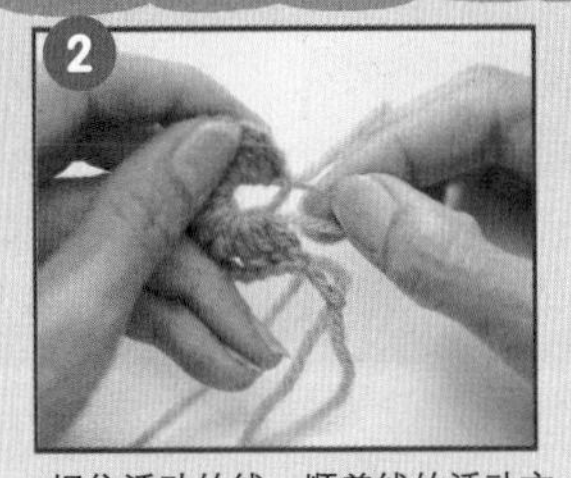

捏住活动的线，顺着线的活动方向拉紧。

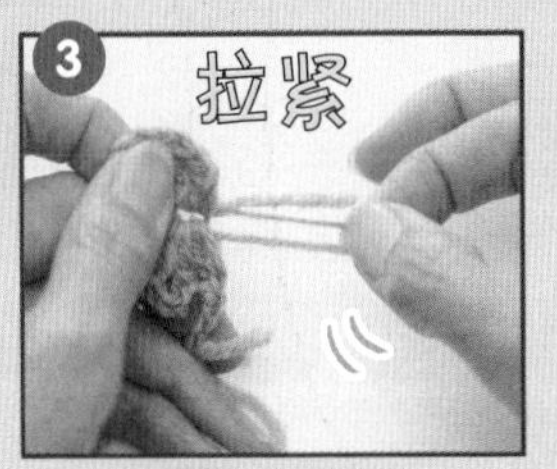

收紧线圈到极限，拉紧线头。

在这一行的第3针锁针起立针处入针。
挂线。
将线钩出。

锁针起立针的第3针……能找到吗？
嗯……貌似能找到，但是还没找到……
目不转睛
环形编织时，引拔针必不可少……所以，需要慢慢掌握。
第2圈再教你！
是这里。
好的，那就拜托了！
第1圈完工！
呼
完成
已完成部分
OK
那么就开始第2圈吧。
按照图解，钩织3针起立针。
好的！
……咦？环形编织不用翻转织片呀。
是的！只需要看着正面编织。
你又发现了一个小知识点呢。
哇！
这样容易多了！

首先，钩织3针起立针……
然后是1针锁针。
3针……
编织
编织
还有1针！
然后是3针长针……
嗯——
上一圈是锁针，所以好难入针。
使劲
小白……
嘿嘿嘿
笑眯眯
即使上一圈是锁针，也可以轻松处理！
你已经学过了……
……
啊！
是在上一圈孔洞入针。
答对啦！

来复习一下吧。
挂线后，如箭头所示，在上一圈的孔洞入针。
入针后挂线，钩织长针。
钩织3针长针的样子。
这样入针，就感觉上一圈被包起来了，好整齐呀！
是吧！
然后，『3针锁针→在上一圈孔洞入针→钩针3针长针』。
一直重复这个操作。
啊！棱角开始分明了！
编织……
按照图解钩织，就可以得到和图解一样的实物！
嘿嘿嘿

已经到第2圈最后的长针了。那就来复习一下引拔针的位置吧。
拜托了！
是刚刚没搞懂的知识点……
在第2圈的开头织了3针起立针。
这里
3
2
1
在第3针的中间入针引拔。
插进
然后用针挂线引拔！
这里吗？明白啦！
做出来了！
形状变得更明显了
第3圈的钩织也和第2圈一样。
大功告成！
编织编织……
第3圈完成

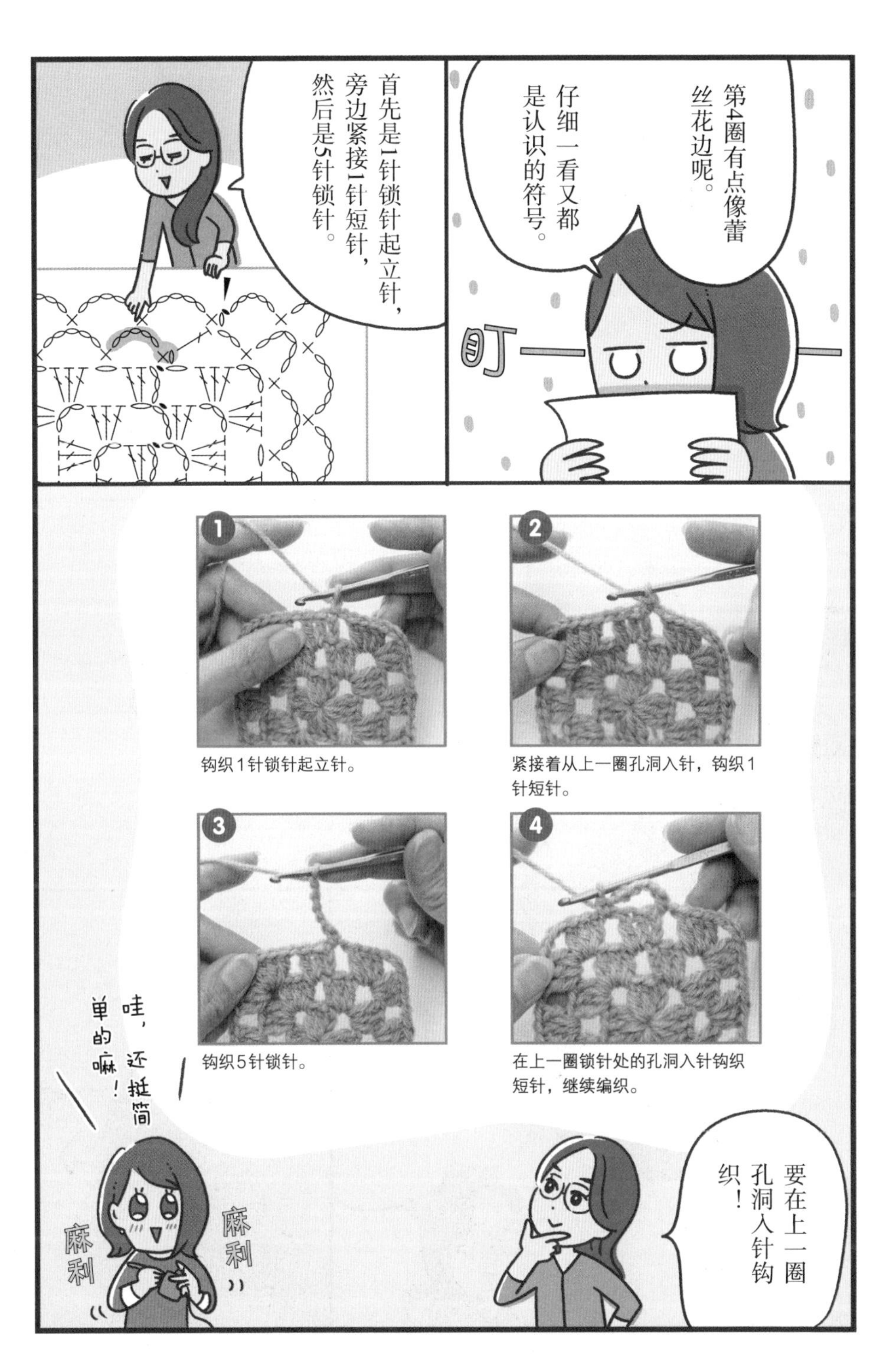
第4圈有点像蕾丝花边呢。
仔细一看又都是认识的符号。
盯——
首先是1针锁针起立针，旁边紧接1针短针，然后是5针锁针。
钩织1针锁针起立针。
紧接着从上一圈孔洞入针，钩织1针短针。
钩织5针锁针。
在上一圈锁针处的孔洞入针钩织短针，继续编织。
要在上一圈孔洞入针钩织！
哇，还挺简单的嘛！
麻利
麻利

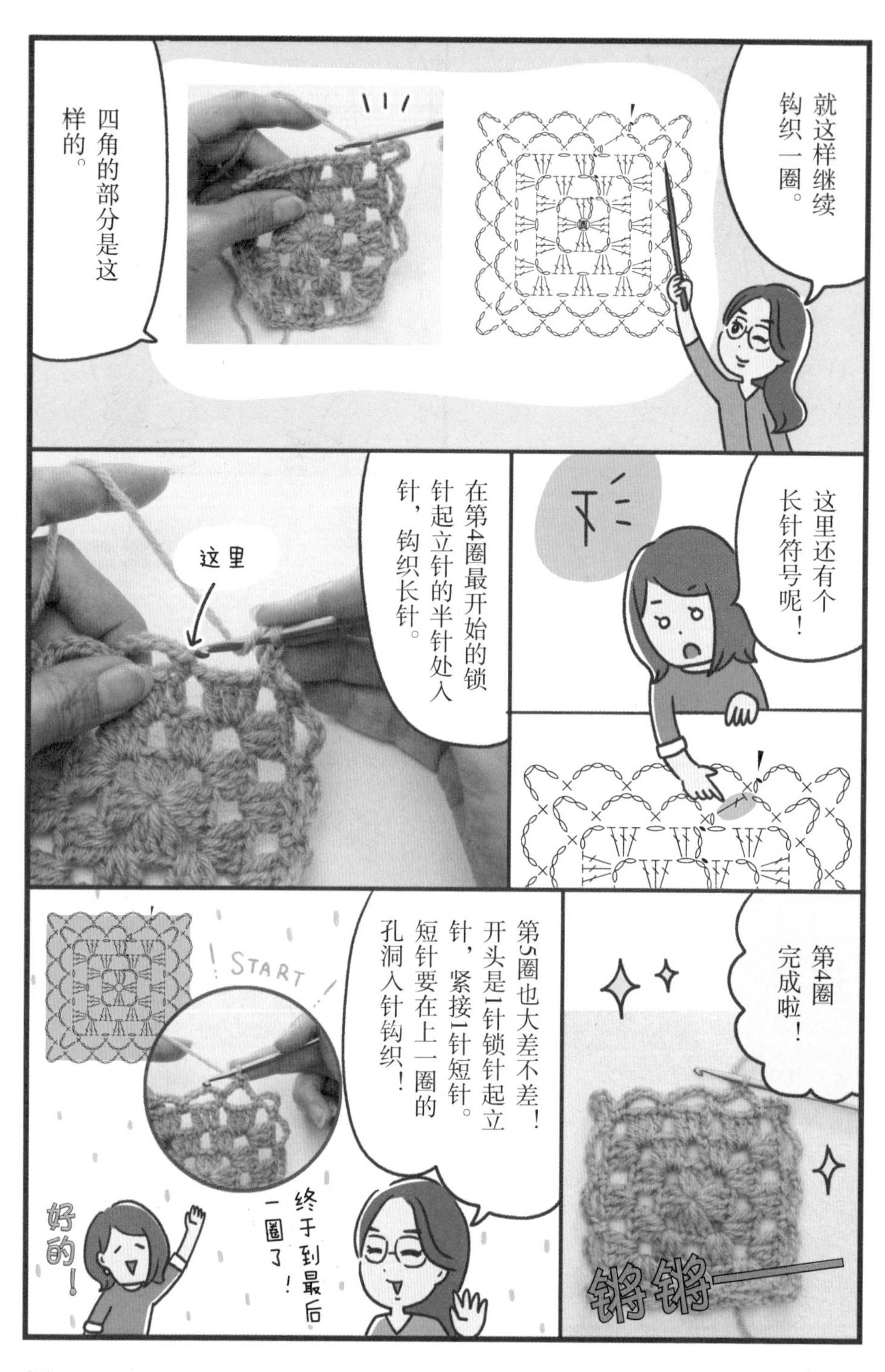
就这样继续钩织一圈。
四角的部分是这样的。
这里还有个长针符号呢！
在第4圈最开始的锁针起立针的半针处入针，钩织长针。
这里
第4圈完成啦！
锵锵——
第5圈也大差不差！开头是1针锁针起立针，紧接1针短针。短针要在上一圈的孔洞入针钩织！
START
终于到最后一圈了！
好的！

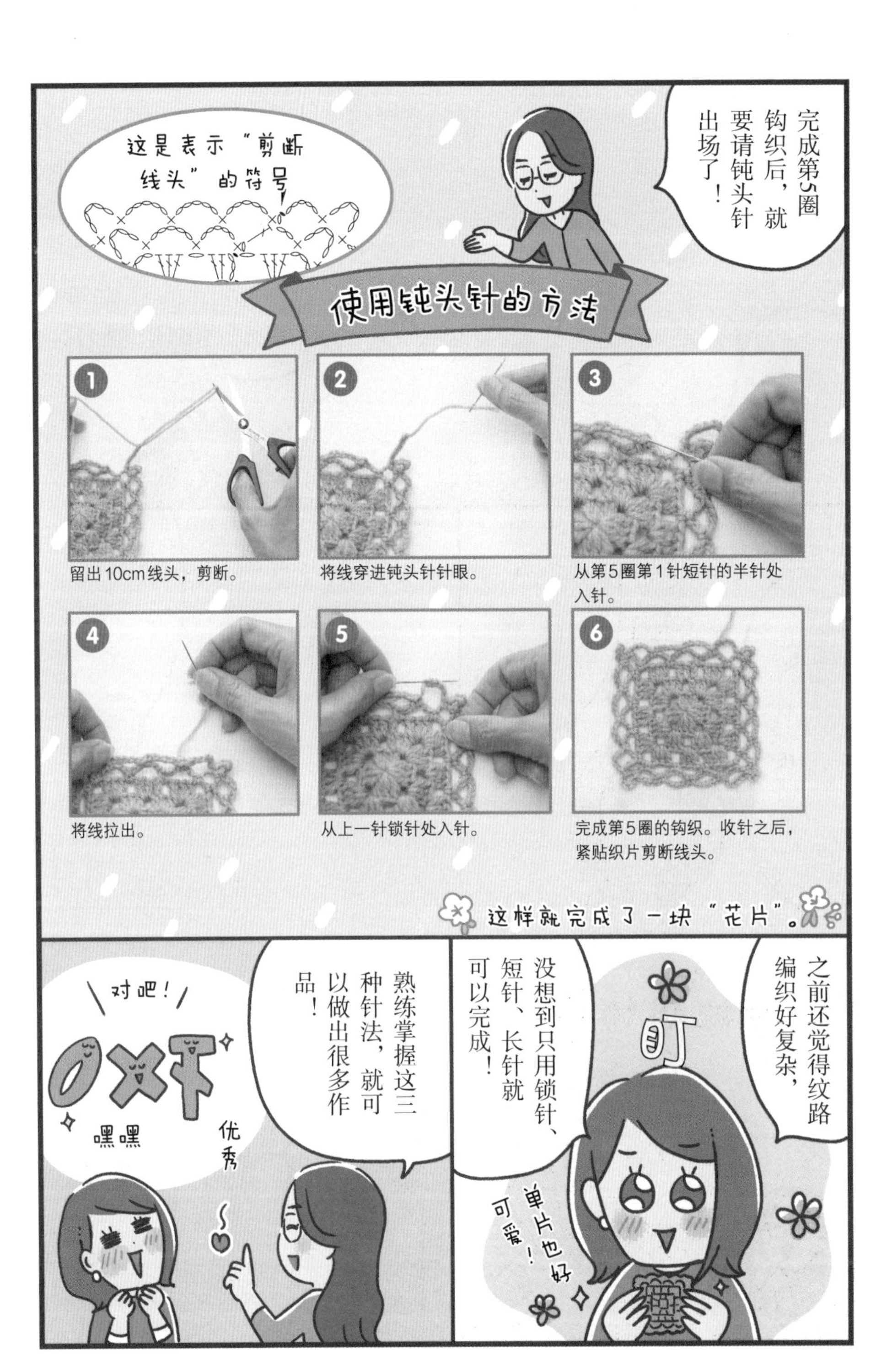

留出10cm线头，剪断。

将线穿进钝头针针眼。

从第5圈第1针短针的半针处入针。

将线拉出。

从上一针锁针处入针。

完成第5圈的钩织。收针之后，紧贴织片剪断线头。

那我们继续吧。现在已经完成了第1块花片的编织。
像这样的花片组合，设计简图上都会标明编织顺序。
编织顺序
灰色
黄色
黄色
灰色
这里是第2块！
首先从第5圈的这个位置开始钩织吧！
好的！
是一口气把剩下的三块都织好呢，
还是每织一块就连接起来呢？
都可以呀！
一口气织完多块的话，也暂时不要钩织第5圈！
随你的喜好
那么……
闪亮
还有两小时……我要完成剩下的三块！
燃起热情！
其实……倒也不必限时挑战……

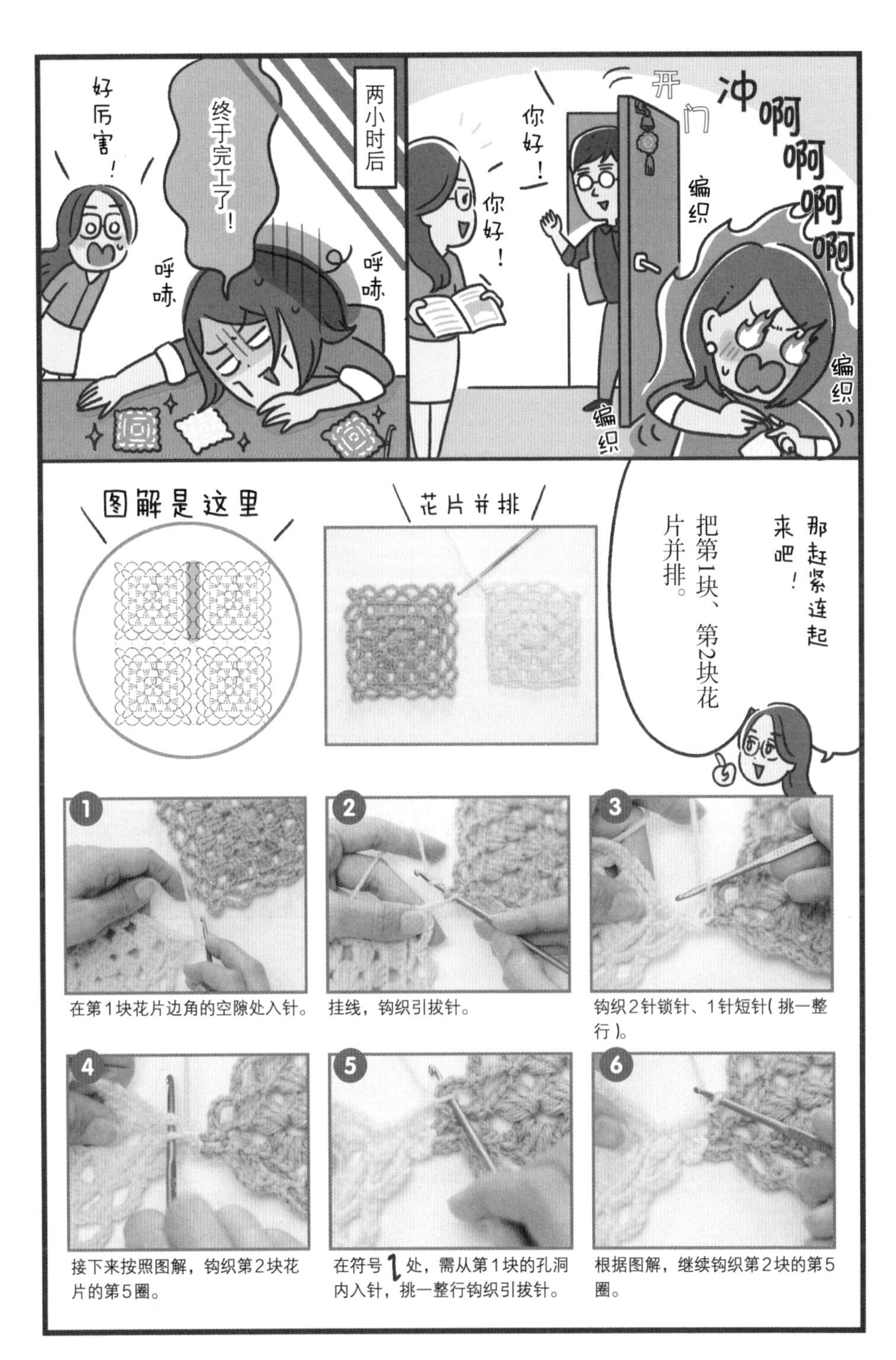

在第1块花片边角的空隙处入针。

挂线，钩织引拔针。

钩织2针锁针、1针短针（挑一整行）。

接下来按照图解，钩织第2块花片的第5圈。

在符号处，需从第1块的孔洞内入针，挑一整行钩织引拔针。

根据图解，继续钩织第2块的第5圈。

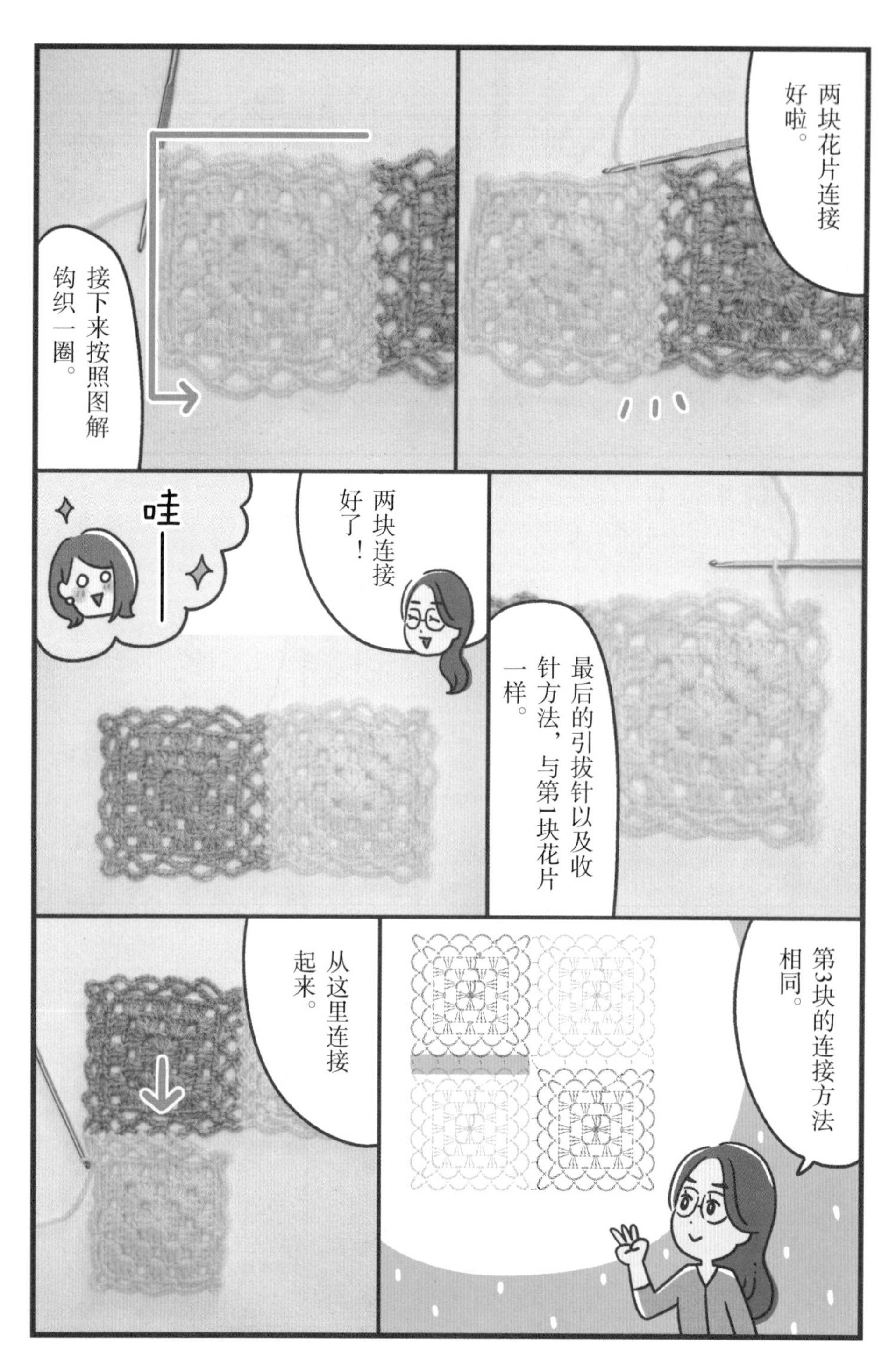

两块花片连接好啦。
接下来按照图解钩织一圈。
最后的引拔针以及收针方法，与第1块花片一样。
两块连接好了！
哇——
第3块的连接方法相同。
从这里连接起来。

按照图解，钩织一圈。
需要注意中心部位的连接方法！
在这里入针
挂线后引拔。
入针处
中心就连接起来啦
已经连好三块花片。
第4块花片也用相同的方法连接起来。
快完成啦！

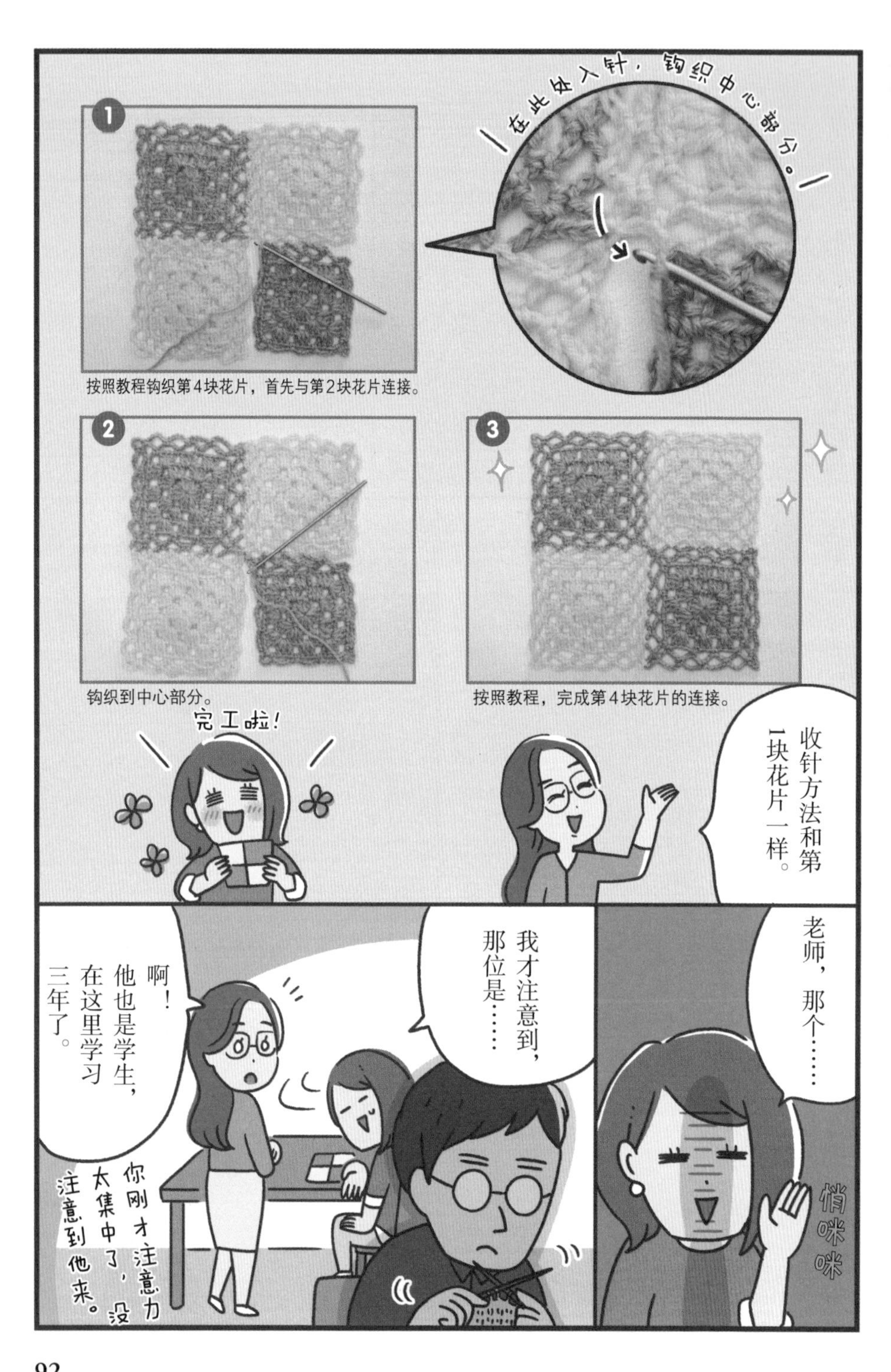
在此处入针，钩织中心部分。
按照教程钩织第4块花片，首先与第2块花片连接。
钩织到中心部分。
按照教程，完成第4块花片的连接。
完工啦！
收针方法和第1块花片一样。
老师，那个……
悄咪咪
我才注意到，那位是……
啊！他也是学生，在这里学习三年了。
你刚才注意力太集中了，没注意到他来。

中村先生！
我介绍一下。
这位是小白，上个月开始来编织教室学习的。
你好！
你好！
哇！
这是你自己做的吗？
好……好厉害……
真的吗？
这是怎么做到的……
真的吗？
啊！
啊，这……
已经这么晚了？！不好意思，我先回去了！
撒腿就跑
慌慌
张张
回家再鼓捣吧。
这位女士还真是风风火火呢。
是啊……
不过，对编织很上心。
老师，这里不太清楚……
嗯，这里是……

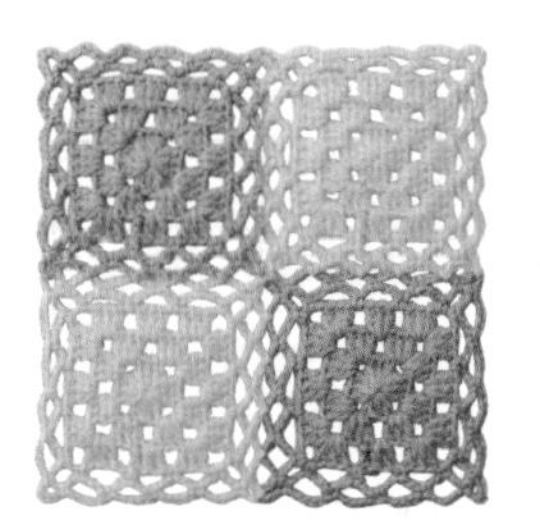

复习

基础制作指南

隔热餐垫

线材：HAMANAKA Amerry羊毛线　#25（黄色）　10g

HAMANAKA Amerry羊毛线　#22（灰色）　10g

用针：钩针　6/0号

密度：花片　11cm×11cm

尺寸：22cm×22cm

编织方法：单股钩织。

环形起针，按照图解钩织。

第2块花片开始，边钩织边连接组合。

图解

各行的“起始”的标志是锁针起立针

设计简图

按照数字顺序连接

1 ↑ 灰色	2 ↑ 黄色
3 ↑ 黄色	4 ↑ 灰色

○ = 锁针

× = 短针

长针符号 = 长针

● = 引拔针

◀ = 剪断线头

织一块单色花片
放在花瓶下面，感觉
也不错呢！

图解

注：本图省略了“剪断”符号，请参考p94的设计简图。

进阶制作指南

腈纶洗碗刷（荷包蛋款）

线材：HAMANAKA BONNY粗邦尼腈纶线　#432（黄色）　2g

　　　HAMANAKA BONNY粗邦尼腈纶线　#401（白）　12g

用针：钩针　7.5/0号

尺寸：直径13.5cm（不含提手）

编织方法：单股钩织。

　　　　环形起针，按照图解钩织。

　　　　在钩织最后一圈中间部分钩织提手。

图解

○ = ⑤锁针

× = 短针

V = 短针加针（1个洞眼，2针短针）

T = 中长针

V = 中长针加针（1个洞眼，2针中长针）

T = 长针

V = 长针加针（1个洞眼，2针长针）

● = 引拔针

◀ = 剪断线头

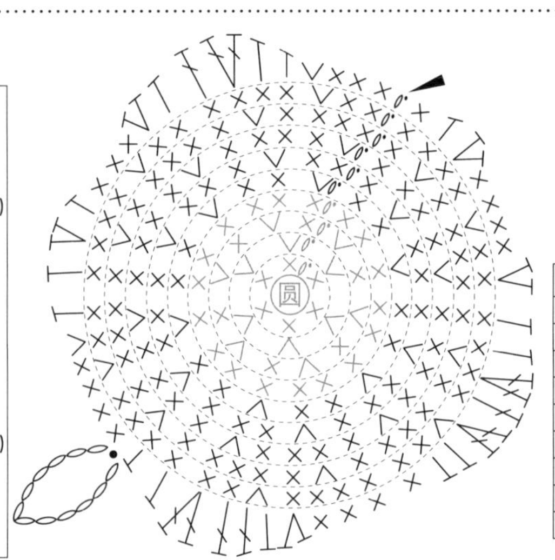

图表显示行数、各行针数、各行颜色

行数	针数	颜色
10	59	白
9	48	
8	42	
7	36	
6	30	
5	24	
3、4	18	黄
2	12	
1	6	

要点① 立体编织

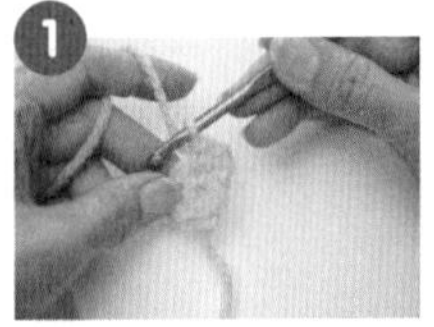
1 按照图解，进行环形编织。

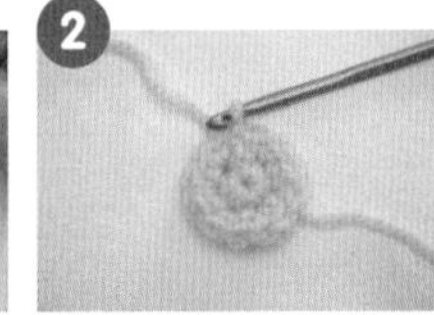
2 完成前是平面的。

3 完成第4圈钩织后收针。

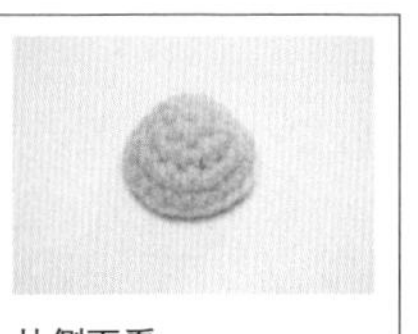
从侧面看……

要点② 换线

1

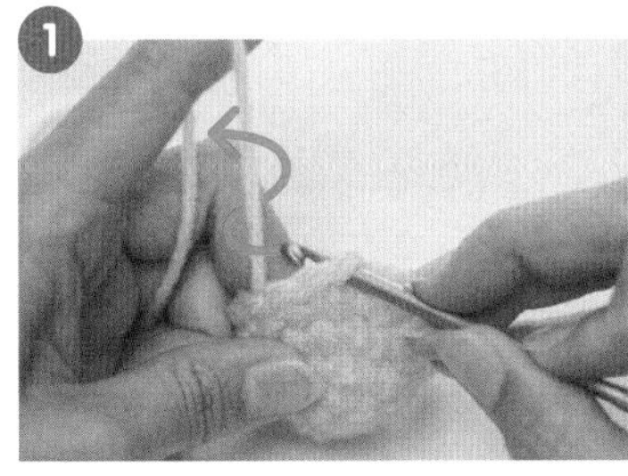

从第5圈开始换白色线。左手持白色线，从织片第4圈入针，如箭头所示挂线。

2

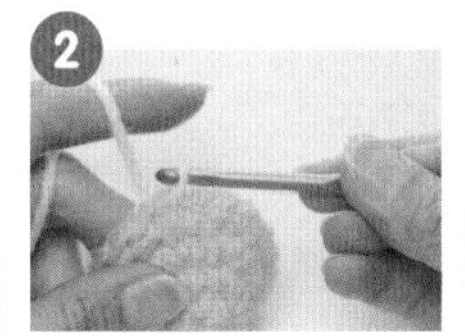

直接将线钩出。

3

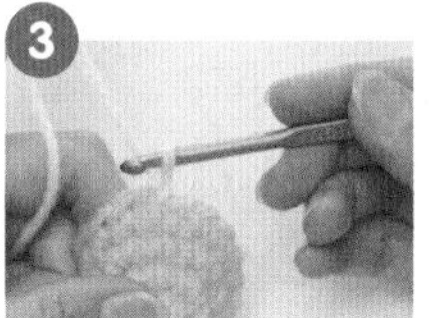

钩织1针锁针起立针，按照图解继续钩织。

要点③ 中长针的针法

1

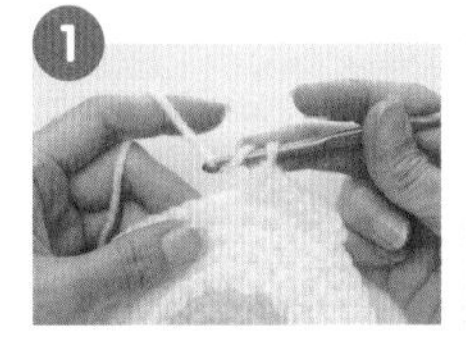

挂线后，将针插入织片。

2

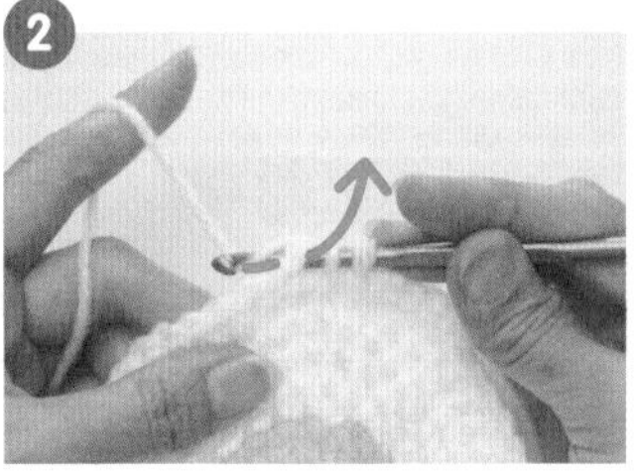

继续挂线，如箭头所示拉线。

3

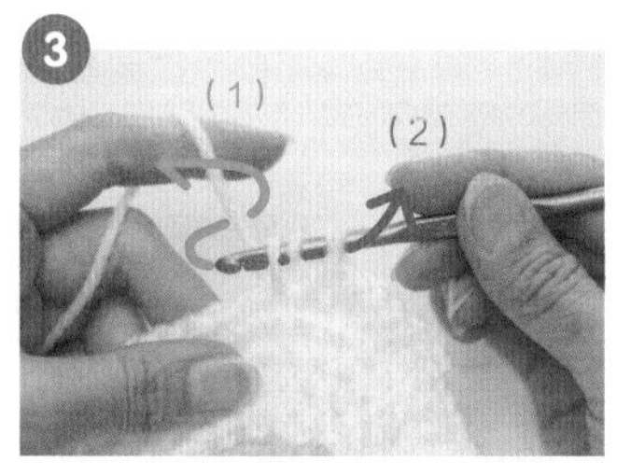

钩针挂线，拉线穿过针上的三个线圈。

4

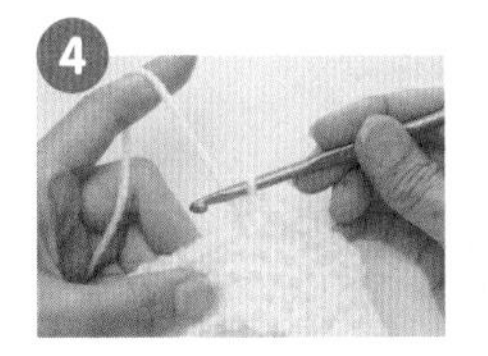

完成中长针的钩织。

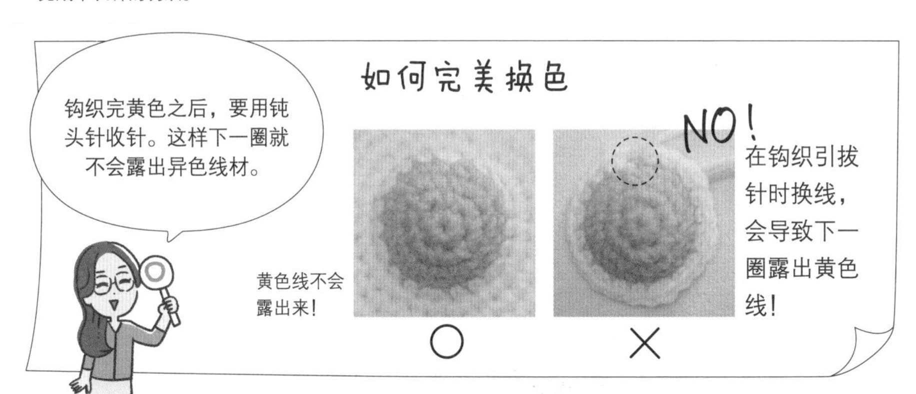

只用短针也可以制作遮阳帽，推荐新手们挑战。使用特殊材质制成的线材，可在夏天增加一丝清凉。

进阶制作指南

遮阳帽

线材：横田DARUMA SASAWASHI竹和纸　#1（自然色）　108g+系带部分3g

用针：钩针　6/0号

密度：短针　10cm×10cm为15针×15行

尺寸：头围　56cm

编织方法：单股钩织。

环形起针，按照图解钩织。

系带部分为250针锁针。

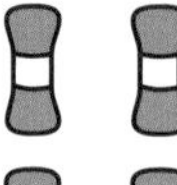
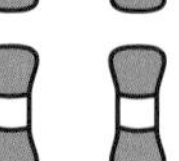

★系带

系带缠绕两圈，打蝴蝶结。

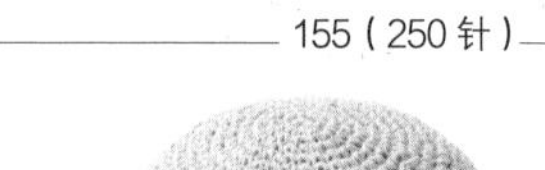

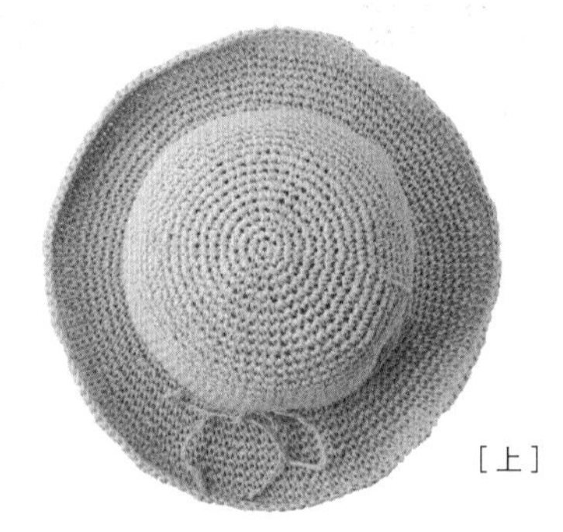

［上］

［侧］

★绸带

根据帽围尺寸，裁剪、缝合绸带。

粗纹绸
（宽2.4cm，长70cm）
的绸带更搭。

制作方法

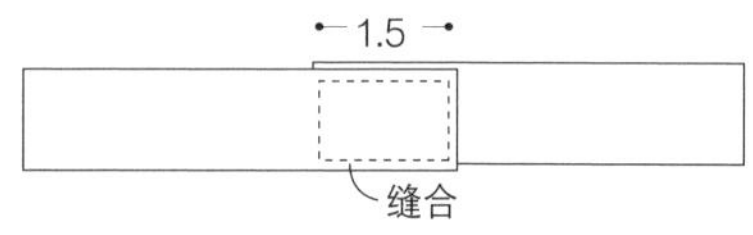

缠绕一圈，在背面缝合，遮住线头。

★帽身(戴在头上的部分)&帽檐(帽子的边)

	行数	针数
帽檐	42、43	144
	41	138
	40	132
	39	126
	38	120
	37	114
	36	108
	35	102
	34	96
	33	90
帽身	14～32	84
	13	78
	12	72
	11	66
	10	60
	9	54
	8	48
	7	42
	6	36
	5	30
	4	24
	3	18
	2	12
	1	6

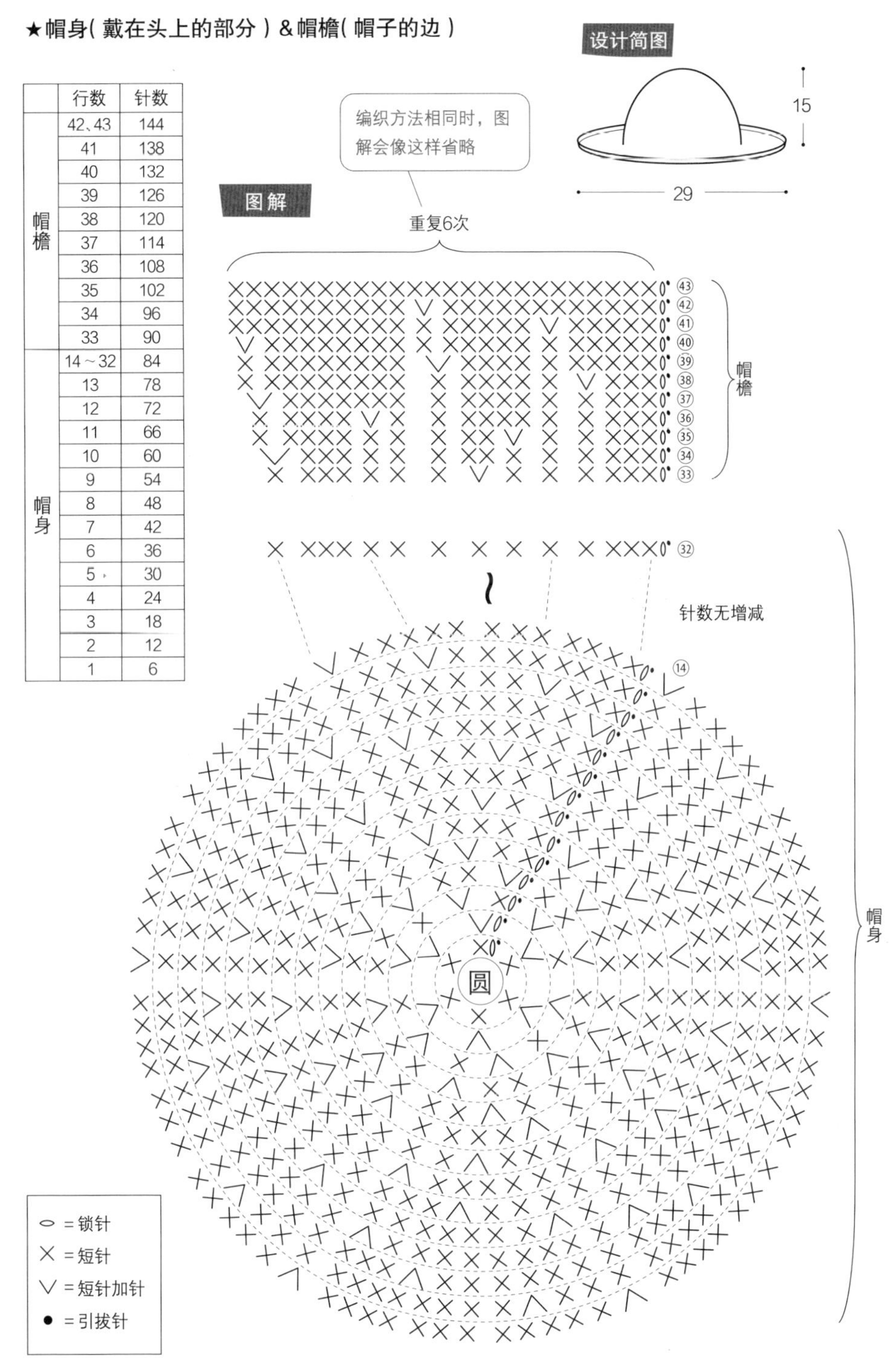

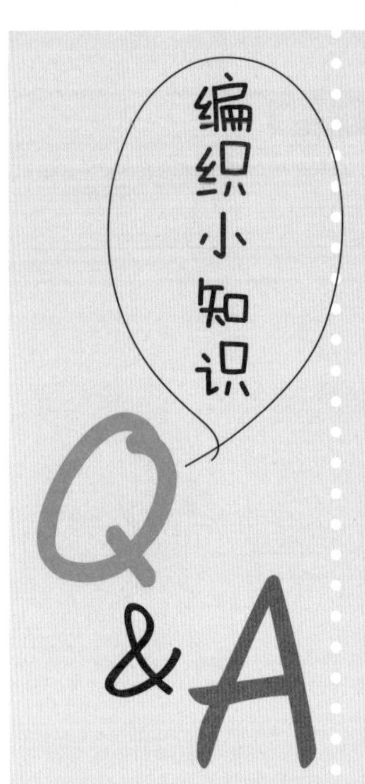

Q 暂停编织时，如何保管呢？

A 拉大线圈，防止松脱。

拉大线圈，基本上就不会散开。实在不放心的话，可以使用记号扣。

Q 完成之后可以清洗吗？

A 多用勤洗！

好不容易完工的作品，需要轻柔手洗，小心呵护。不同线材有不同的清洗方法，比如不同的水温。可以参考线材的标签或商品详情页。

Q 感觉成品不整齐……

A 多多练习锁针和短针吧！

放线力度不均会影响针目。整齐编织的诀窍在于用力均匀。埋头苦练锁针和短针，就能掌握好编织力度。此外，在钩织作品之前，试着钩织测试密度的织片（p101）吧。

Q 密度是什么意思？

A 表示10cm²四边形织片的针数、行数。

教程中的『短针　15针×10行』表示『使用指定线材与用针编织时，10cm×10cm织片请按照15针×10行的短针进行钩织』。

钩织作品前，必须钩织密度测试织片，了解自己放线力量的大小，再正式钩织。未使用指定线材时，可计算针数、行数，使其接近图解大小。本书不强制要求钩织密度测试织片，但希望大家能在作品成型的过程中感受乐趣。但如果是编织p98的遮阳帽和p158的帽子，尺寸不符会影响使用，故需从密度测试织片起步。

10cm×10cm织片里长针的针数、行数是多少？

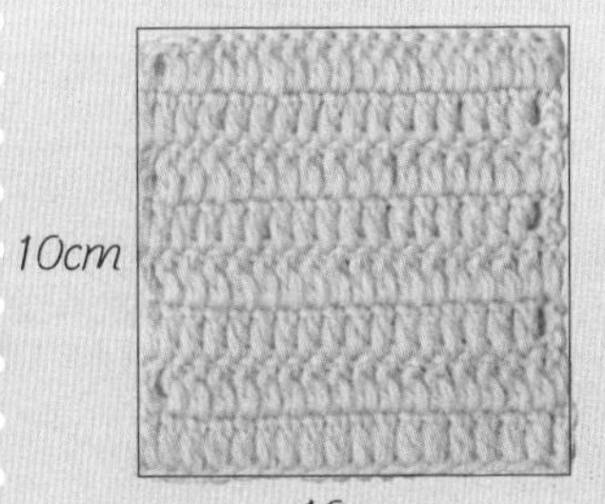

教程中有标明密度。

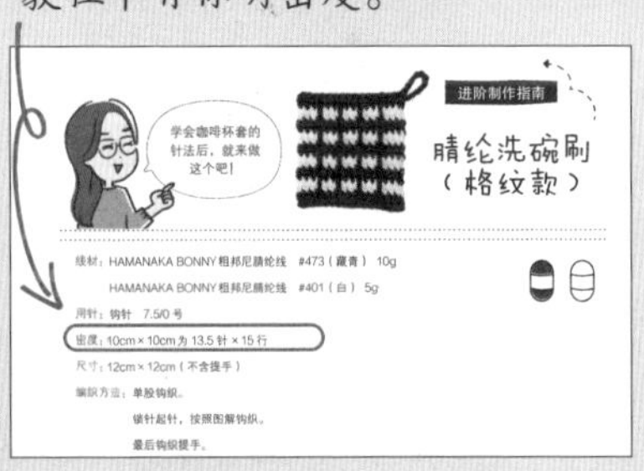

线材：HAMANAKA BONNY粗邦尼腈纶线　#473（藏青）10g
HAMANAKA BONNY粗邦尼腈纶线　#401（白）5g
用针：钩针　7.5/0号
密度：10cm×10cm为13.5针×15行
尺寸：12cm×12cm（不含提手）
编织方法：单股钩织。
锁针起针，按照图解钩织。
最后钩织提手。

Lesson 3

棒针的基础针法

“正针”和“反针”是棒针编织的基础针法，仅用这两种针法，就可以创作出漂亮的作品。

编织暖手手套只需要正针，对新手很友好。

▶ 观看视频！
暖手手套
编织方法

休息日
手作
嘿嘿嘿，作品多起来了。
明明工作那么忙，我真的太了不起了……
但是只有特别忙的时候，
累
编织编织编织编织……
ToDoList
才会想要编织。
妈妈，之前说好给我织小兔子的手套，什么时候才能帮我做？
啊！对哦，已经九月了，得赶快开工。
嗯……看起来有点难啊……
下次请教一下老师吧。

编织
15:0
……总而言之，这就是我女儿想要的连指手套。对我来说是不是太难了呀？
倒也还好……不过这是棒针编织。
啊？这是棒针编织呀。
怪不得觉得没见过这样的花样。
我要是跟老师说『我想学棒针编织』，
明明只是个新手……
那……老师会说『对你来说太早了』吧。
目光
闪烁
不安
坐立
嘿嘿……
小白，要不要挑战一下棒针编织？
我……我想试试看！
好的，一起加油吧！
棒针处女作……要不要先试试这个暖手手套？
可以戴着它玩手机，很方便。
看上去觉得新手也能做出来呢！
想试！！

※有些棒针是四根一起组合销售的。

……嗯？
……咦？莉莉子？
嘿嘿嘿
在公司外见面，感觉好新奇啊。
听老师说，你非常努力呢。
对呀！在家也争分夺秒地做了很多，很不错呢！
嘿嘿嘿
嗯
这次要织什么呢？
暖手手套！先做个试验品自己戴，然后再用可爱的线给女儿织一副。
哇，看起来很简单，换种线也可以变成熟风格……我也想试试看。
太好啦！用不同的线织出来，比较一下吧！
那就开始吧！
请多指教！

暖手手套图解
看起来很简单呢……真的能变成手套吗？
开始编织前，先看看棒针的图解吧。
编织28行时伏针收针
起伏针缝合
起伏针缝合
28
20
10
1
22
20
10
1
当然！这个图解也是按照从下往上的顺序编织。
箭头为编织方向
和钩针一样，图解是从正面看的。
不同点在于，第1行即为起始行。
棒针也有起始行吗？
嗯，总而言之，先试试看吧！
纸上得来终觉浅嘛！

棒针编织的起针方法※

※为了便于理解，此处使用异色线材讲解。

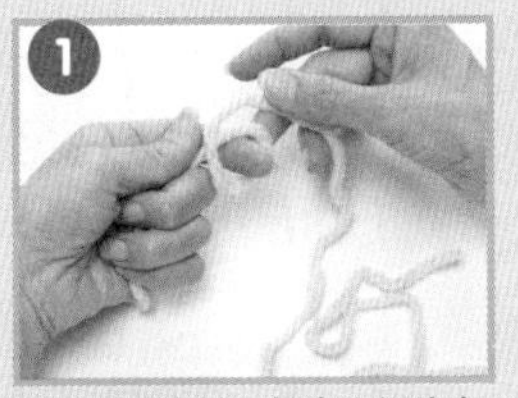

抽出一些线材，长度为织片宽度的3.5倍，在左手食指尖做出线圈。

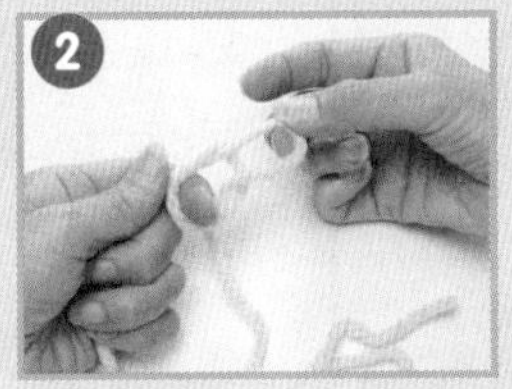

将线穿过线圈。

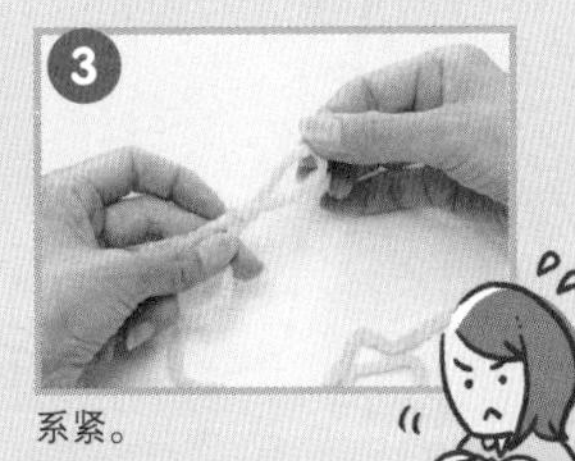

系紧。

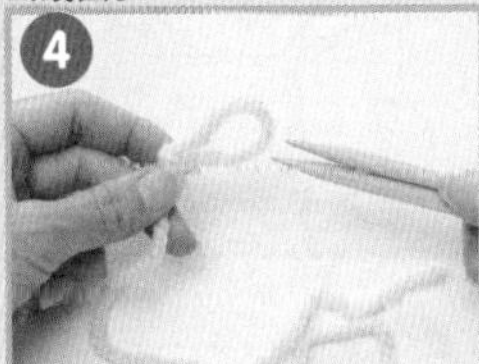

往线圈中插入两根针。

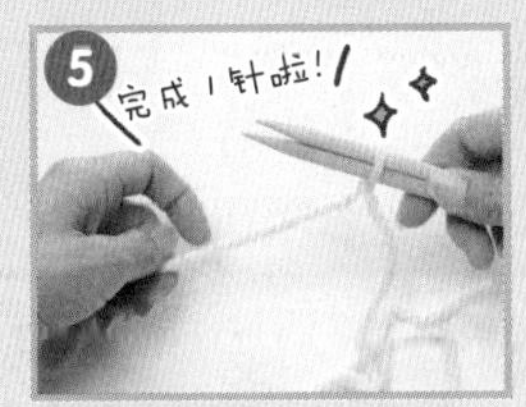

拉线，收紧线圈，完成1针。

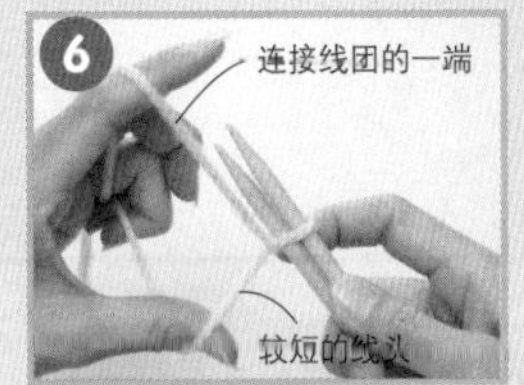

用左手拇指和食指挂线，左手小指压住线端。

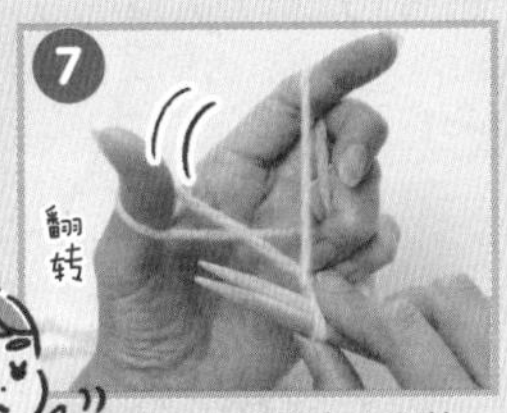

手腕向上翻转。

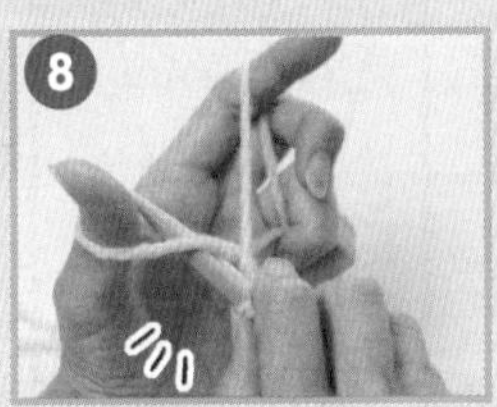

找到图示位置，将针从下方插入。

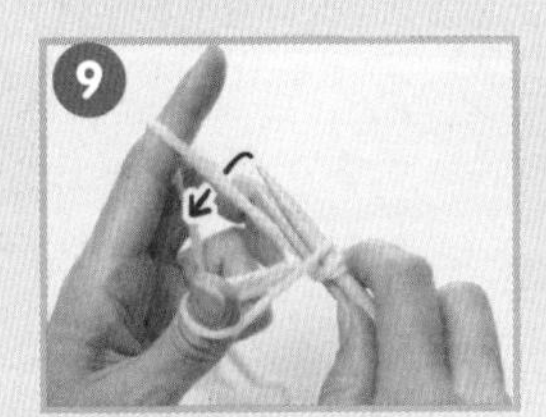

将线从后向前挂在针上。

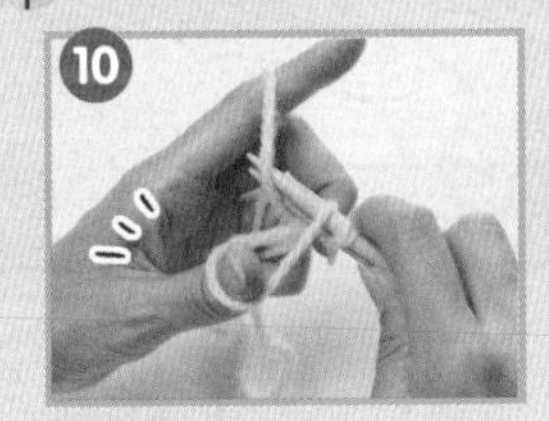

挂好线的样子。

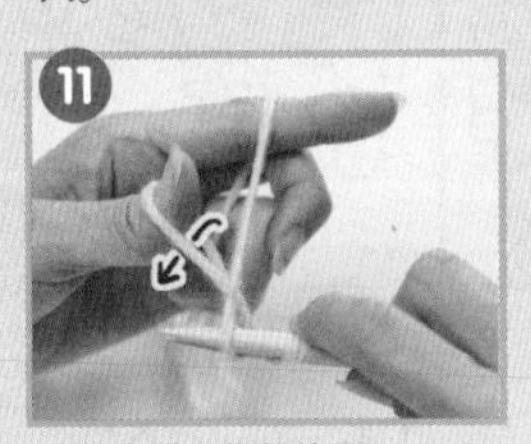

将针穿过拇指的线圈。

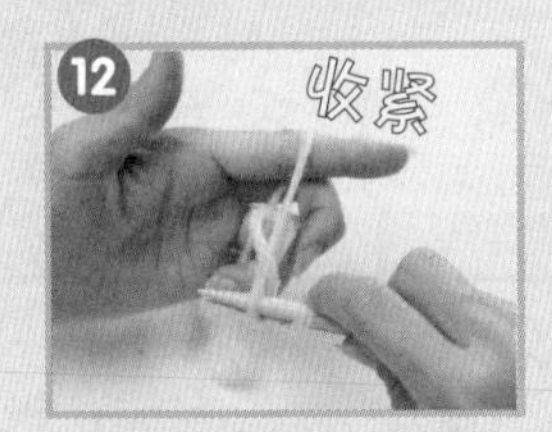

拇指暂时松开线圈，并拉紧线圈。

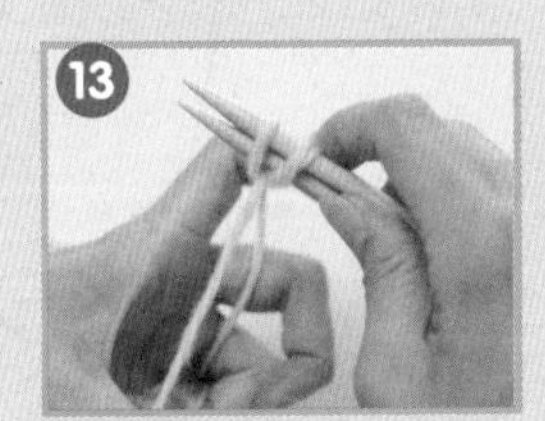

起始行完成了两针，同样方法完成全部22针。

☆请参考p185。

最基础的起针方法，就是这种手指绕线起针法。
也有其他方法，一些书上会有讲解。这次就先学习这种起针方法吧！
老师……
手工编织
那个……
线不够长了！
啊，那只能拆了……
不够织22针……
线的长度是织片宽度的3.5倍！
要注意!!
这次的宽幅是20cm，所以线需要70cm。
我要留1m。
70CM
好气！重来！
绕来绕去
完成啦！
←这条线留着，不要剪断。
啊
正好22针！数了三次，不会错！
因为起始行也算一行，所以第1行就算完成啦！
原来如此！
感觉赚到了！
接下来抽出一根针。
好的。
抽出来了。

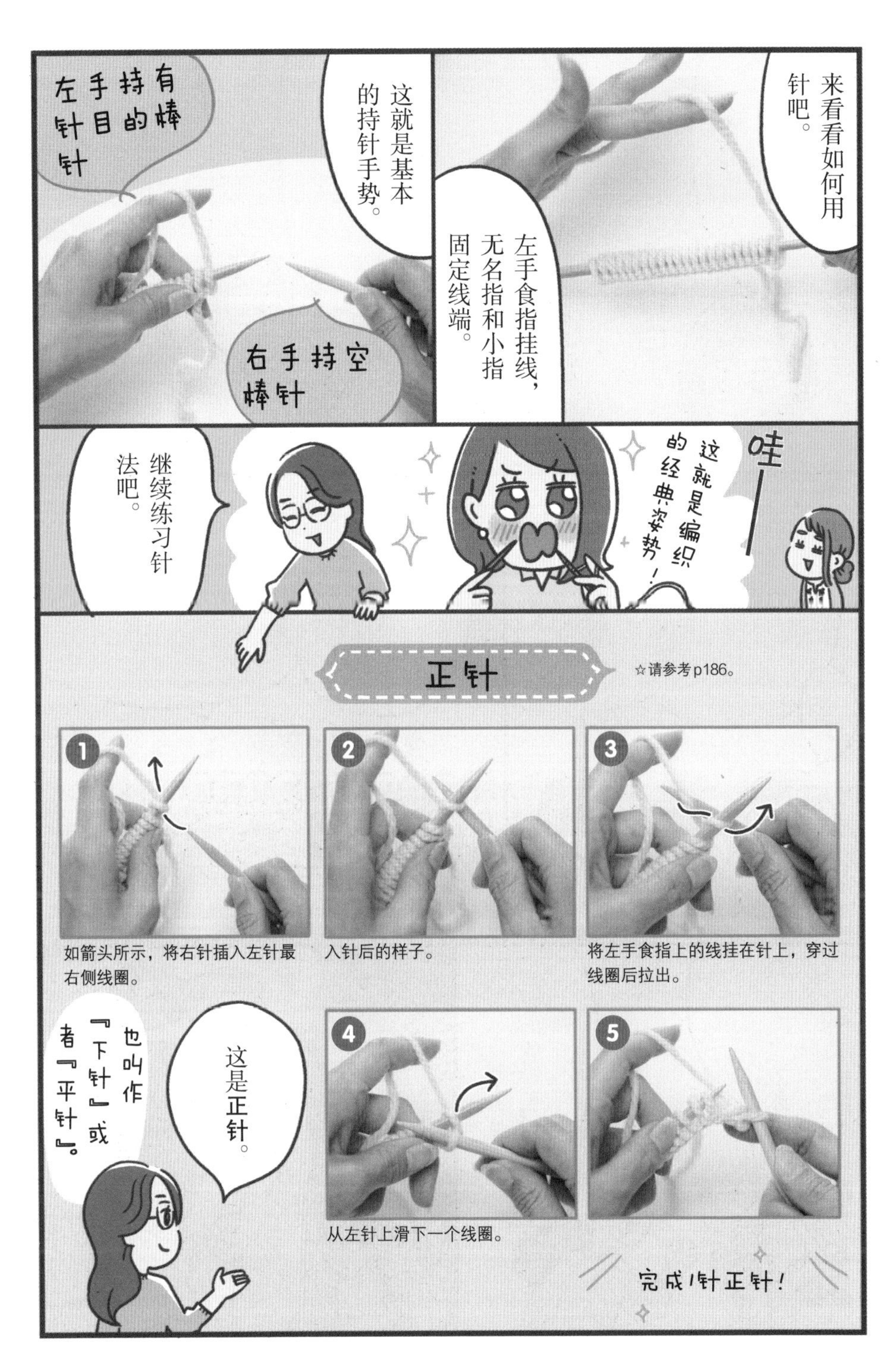

来看看如何用针吧。
左手食指挂线，无名指和小指固定线端。
这就是基本的持针手势。
左手持有针目的棒针
右手持空棒针
哇——
这就是编织的经典姿势！
继续练习针法吧。
正针
☆请参考p186。
1
如箭头所示，将右针插入左针最右侧线圈。
2
入针后的样子。
3
将左手食指上的线挂在针上，穿过线圈后拉出。
这是正针。
也叫作『下针』或者『平针』。
4
从左针上滑下一个线圈。
5
完成1针正针！

对了，还有反针（上针），因为这里没有涉及，所以就暂不做说明！
棒针编织如果学会这两种针法，就基本没什么难点了。
暖手手套只需要用到正针！
□和⊟……
……但是图解上有两种符号……
是的！刚刚提到，图解是从正面看的。
第1行的□表示从正面看是正针，第2行的⊟表示从正面看是反针。
正面
反面
以织物『正面』为基准，看着正面编织时为正针，看着反面编织时为反针。这次是正针编织……
……
正即为反……
反即为正……
嘟囔……
啊，她没搞明白……
不……我们还是实践出真知吧！
接下来编织第2行的正针！
好的。

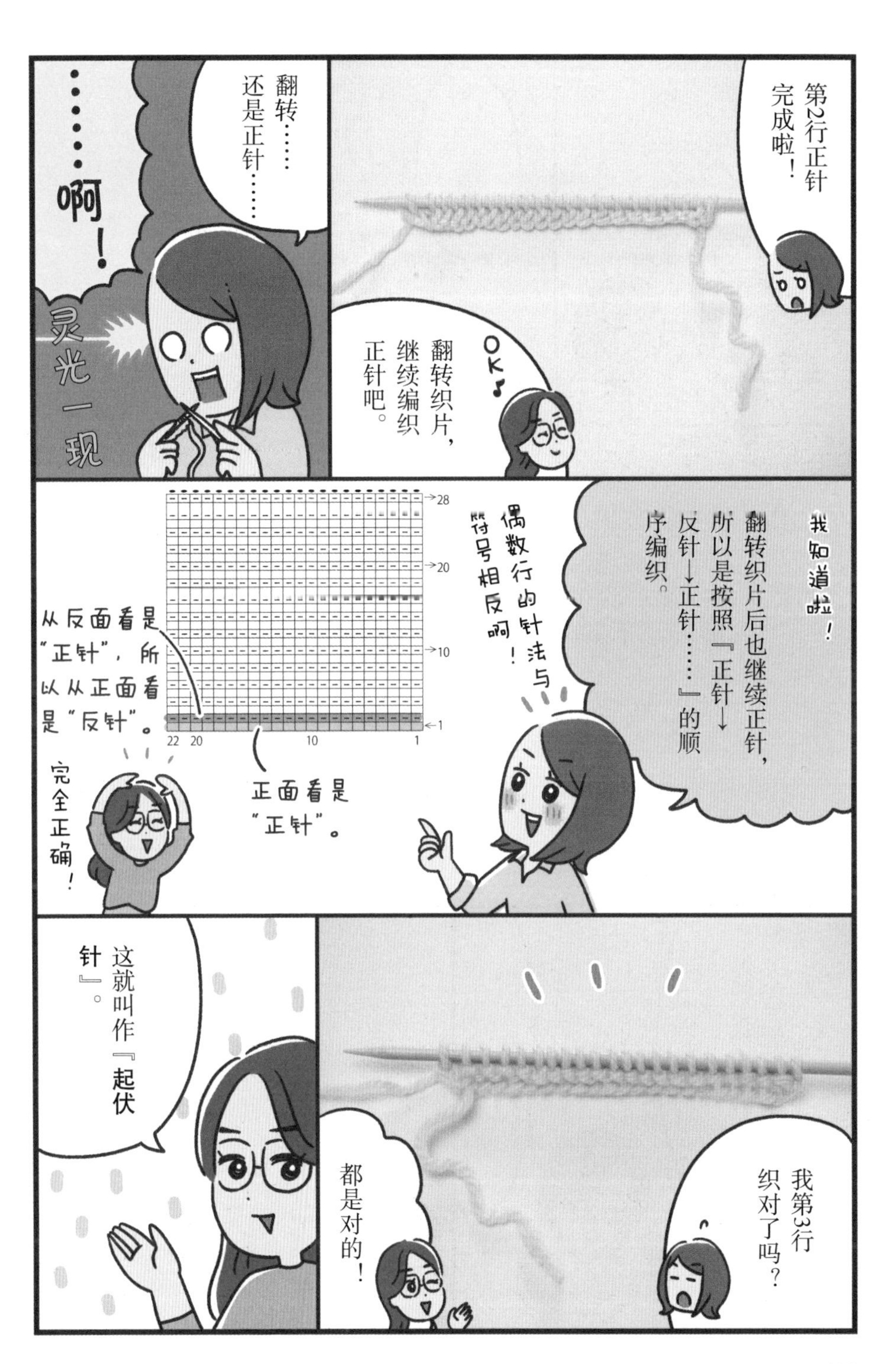
第2行正针完成啦！
翻转织片，继续编织正针吧。
OK♪
翻转……还是正针……
……啊！
灵光一现
我知道啦！
翻转织片后也继续正针，所以是按照『正针↓反针↓正针……』的顺序编织。
偶数行的针法与符号相反啊！
28
20
10
1
22
20
10
1
从反面看是“正针”，所以从正面看是“反针”。
正面看是“正针”。
完全正确！
我第3行织对了吗？
都是对的！
这就叫作『起伏针』。

不声不响
啊，刚刚织入迷了，这才发现一口气织了这么多！
拉长～
专注力拉满了！
……好快，莉莉子已经织好两片了！
嘿嘿嘿，我已经不是新手了……
好强！
真不错！
能让人沉下心来，就是编织的魅力所在。
是啊～
那……老师，我到底要织几行呀？
起伏针的行数是这样计数的。
1 2 3 4 5 6 7
哇！已经织到第27行啦，接下来就是最终行了！
已经这么多啦！
接下来是最终行的编织方法。
图解上标明了『编织第28行时伏针收针』，来试试吧！

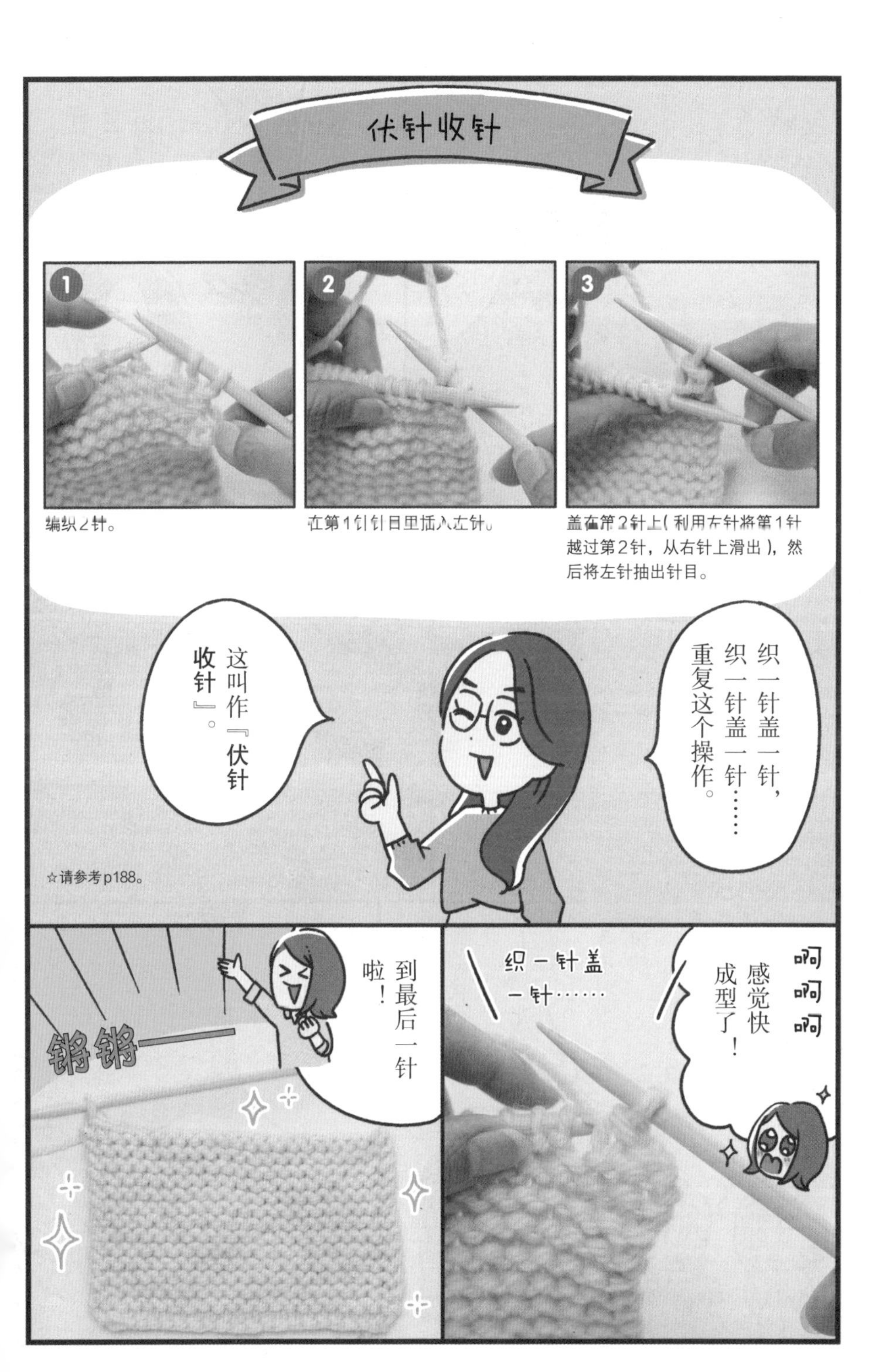
伏针收针
1
编织2针。
2
在第1针针目里插入左针。
3
盖在第2针上（利用左针将第1针越过第2针，从右针上滑出），然后将左针抽出针目。
这叫作『伏针收针』。
织一针盖一针，织一针盖一针……重复这个操作。
☆请参考p188。
锵锵——
到最后一针啦！
织一针盖一针……
啊啊啊
感觉快成型了！

好快呀！最后用锁针结尾。
要派钩针上场了吗？
迅速
不，不，棒针也可以做到！
在针上挂线
拉出之后拉长线端
预留7～8CM剪断
咔嚓
完工啦！
花的时间比预想的短很多。
只用到一种针法，只要熟练了，就能得心应手。
接下来，把它做成桶状吧。
我也要听一下讲解！
我总是不知道怎么缝合。
好厉害！已经织好两片了！

起伏针缝合※

从背面缝合

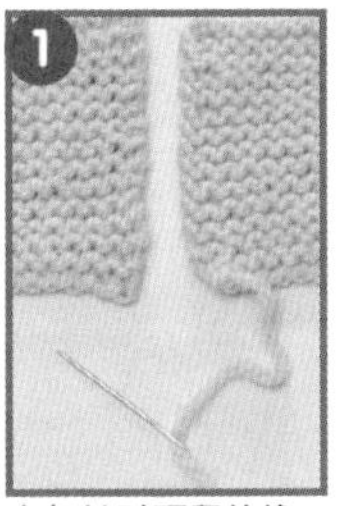
1 在起针时预留的线头上，穿上钝头针。

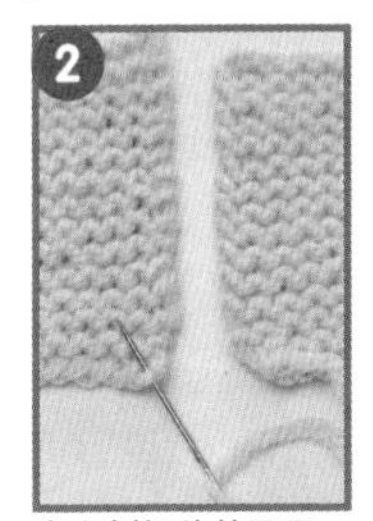
2 在左侧织片的图示位置入针。

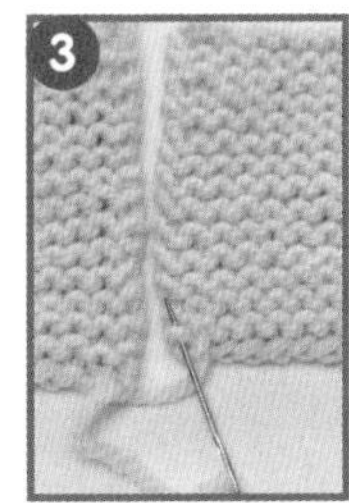
3 接下来在右侧织片的第2行入针。

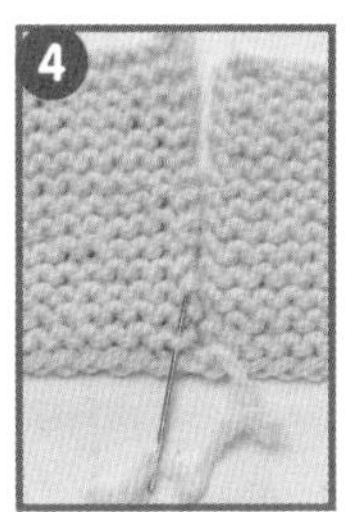
4 左侧同位置入针。

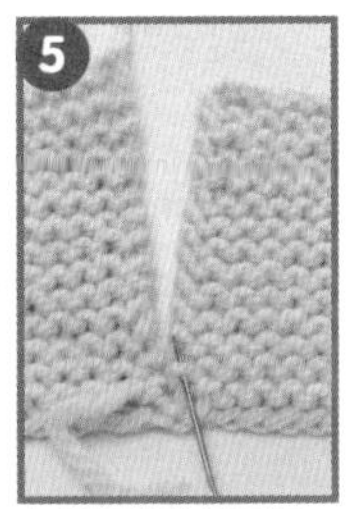
5 右侧织片的第3行入针。

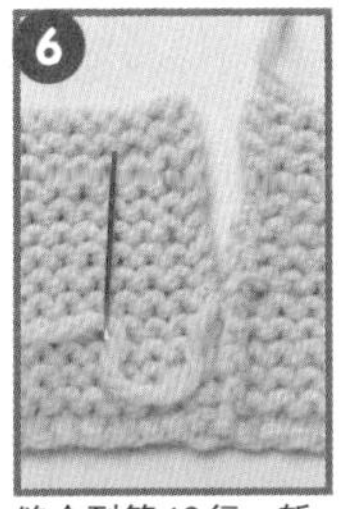
6 缝合到第10行，暂时收针。

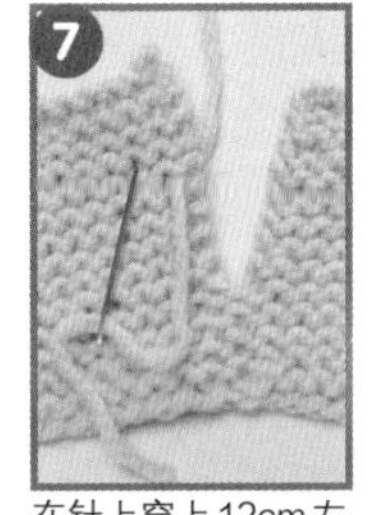
7 在针上穿上12cm左右的线，穿过织片。

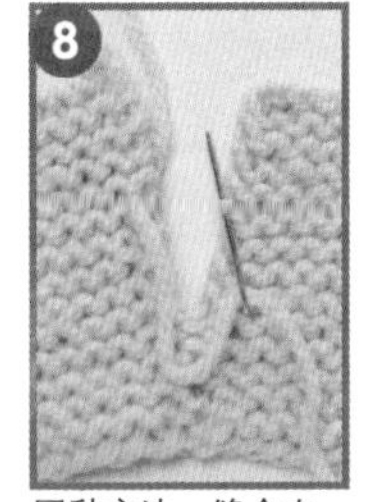
8 同种方法，缝合左右两片。

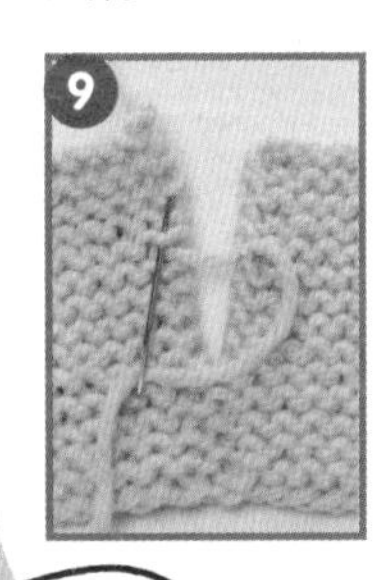
9

10 收针。

完成啦！

※为了清晰明了，此处用平面织片代替桶状织片进行说明。

起伏针正面缝合
起伏针正面缝合
→28
→20
→10
←1
22 20 10 1

完成！
好喜欢！不过，还要再织一只。
而且，还要给女儿织呢！
女儿的手套我要自己选线！
给，这是儿童尺寸的教程！
用柔软的细线编织，超可爱。
谢谢老师！
我也做完啦！
从外套袖口露出一点，感觉好时髦，
也不妨碍用手机。
赶紧拍照『晒图』！
天气怎么还不变冷啊……
开门
你好！
也拍太多了吧……
你好，中村先生！
这个很可爱吧？
嗯，确实。

其实……
闪亮
前几天老师给了教程，我也试着做了一副。
帅气——
好帅气！只是换了线，看起来却截然不同！
啊！
又到这个时间了！
要去接孩子了，先走啦！谢谢老师！
小白，公司见啦！
迅速
完成之后别忘了熨烫。
中村已经和小白熟络了呢。
今天是第二次见面。
自来（熟）……咳咳……（假装清嗓子）是个很亲切的人。
今天做什么呢？
刚刚他想说『自来熟』的吧？马上就……

复习

基础制作指南

暖手手套（成人款）

线材：AVRIL Chinetwist羊毛卷　#12（粉驼色） 60g

用针：两根棒针　8cm

密度：起伏针　10cm × 10cm 为 10.5 针 × 18 行

尺寸：手掌围 21cm × 长 15cm

编织方法：单股钩织。

手指绕线起针，起伏针编织。

预留拇指的开孔后缝合其他部分。

设计简图

图解

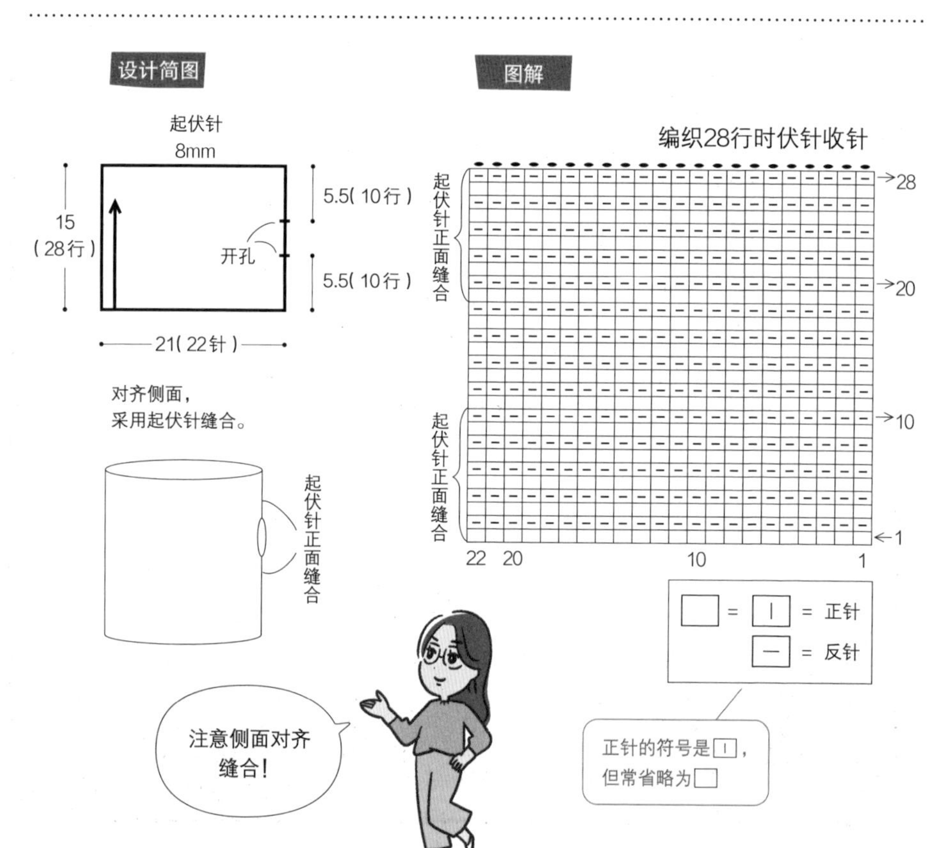

基础制作指南

暖手手套（儿童款）

线材：AVRIL Lily-Yarn 细羊毛　#174（火烈鸟）　14g

用针：两根棒针　12cm

密度：起伏针　10cm×10cm 为 16 针×29 行

尺寸：手掌围 15cm×长 11cm

编织方法：与成人尺寸相同。

设计简图

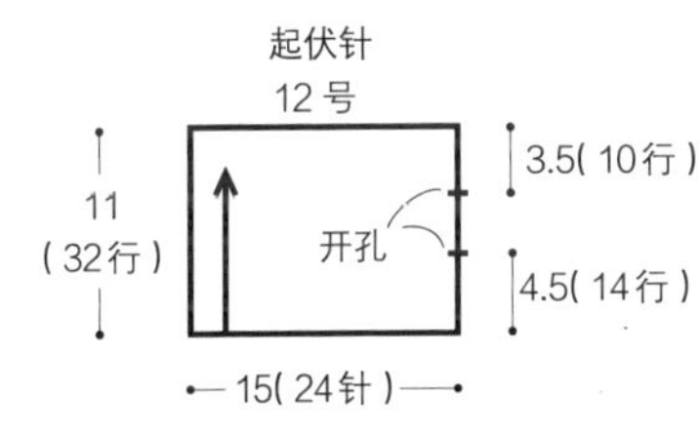

对齐侧面，
采用起伏针缝合。

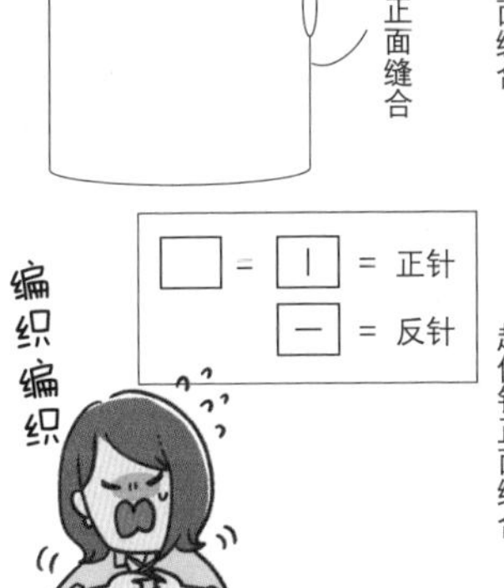

图解

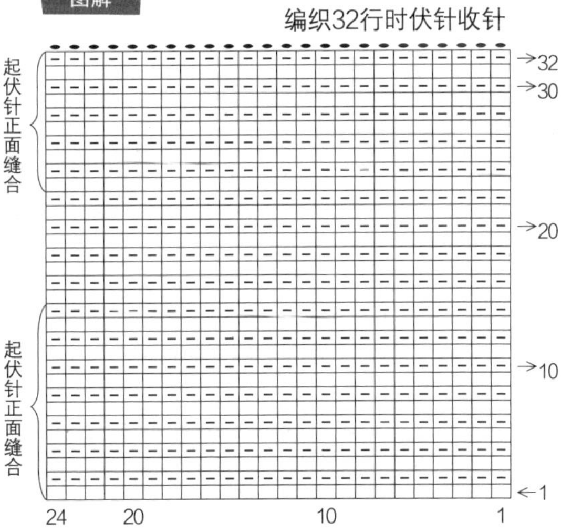

进阶制作指南

桂花针围巾

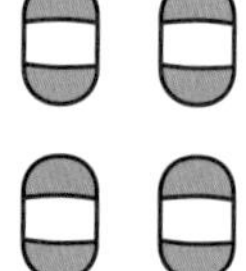

线材：横田DARUMA Airy Wool Alpaca空气羊驼线　#5（雾霾蓝）97g

用针：两根棒针　6号

密度：桂花针　10cm×10cm为22针×34行

尺寸：宽17cm×长150cm

编织方法：单股编织。

手指绕线起针，起伏针6行。

编织500行单桂花针。起伏针6行。

编织512行时伏针收针。

要点　桂花针

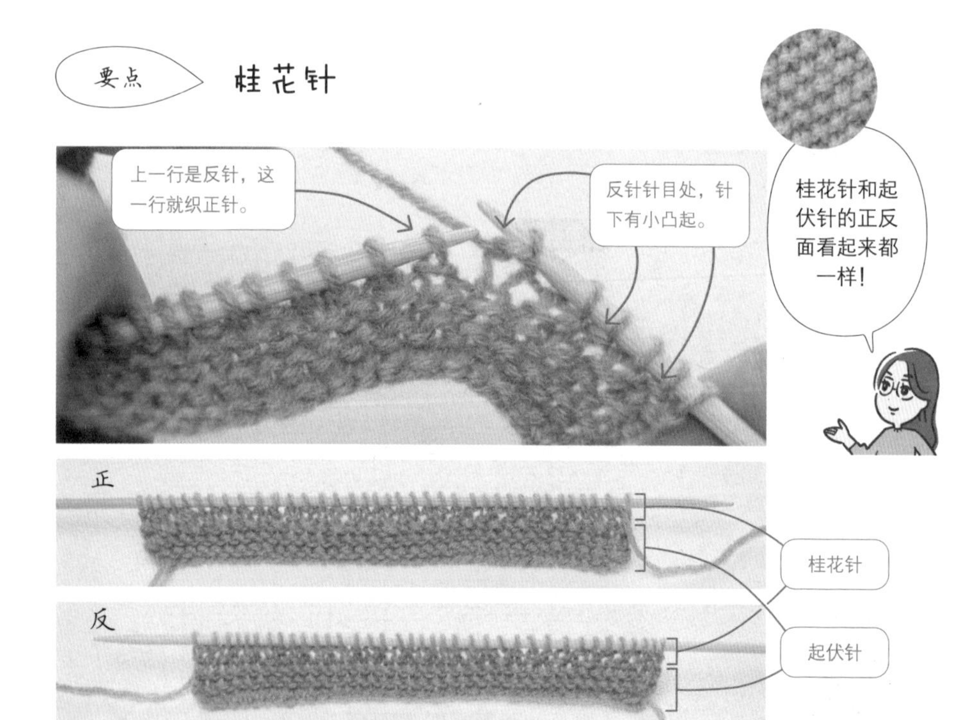

图解

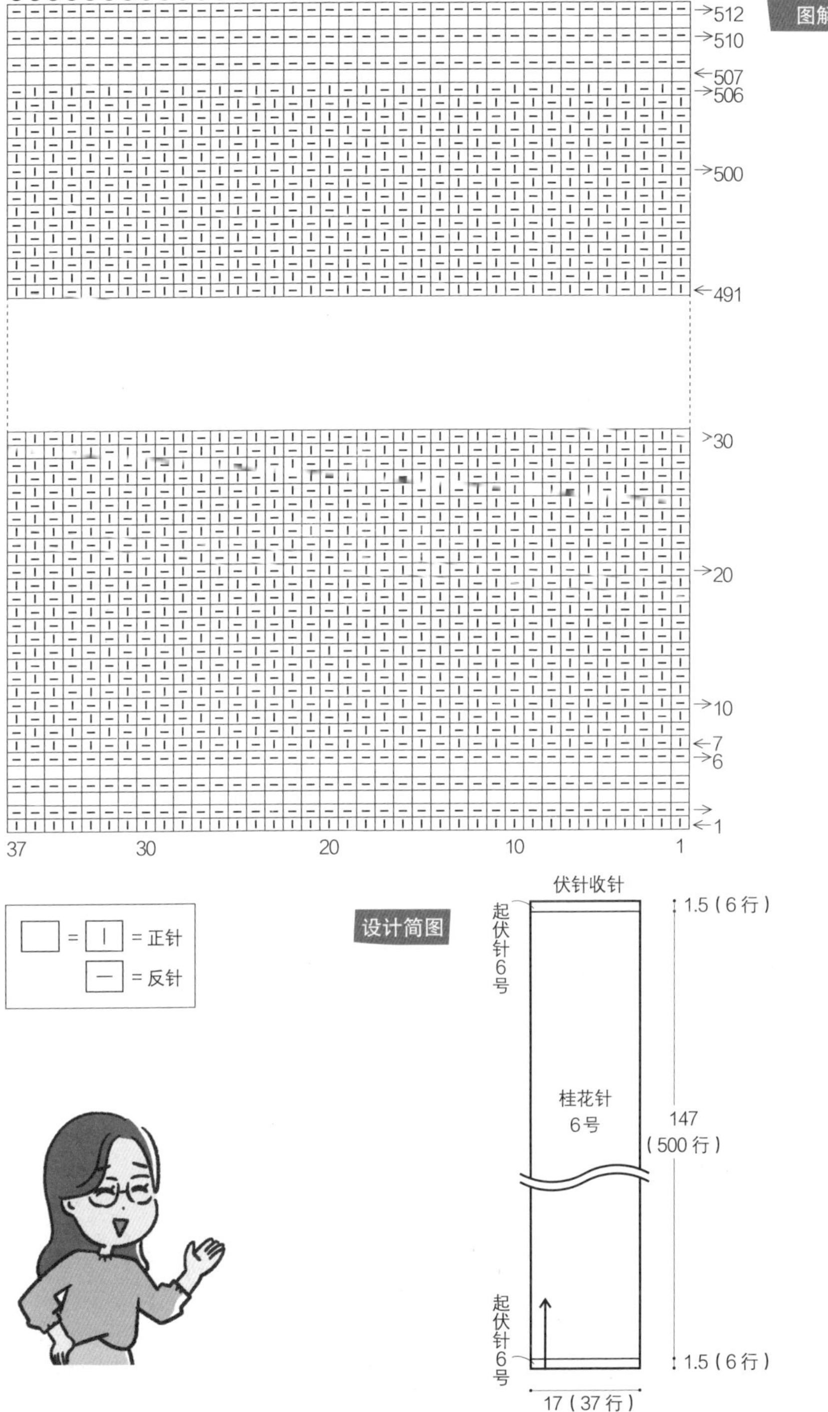

512
510
507
506
500
491
30
20
10
7
6
1
37
30
20
10
1
= 正针
= 反针
设计简图
伏针收针
起伏针
6号
1.5（6行）
桂花针
6号
147
（500行）
起伏针
6号
1.5（6行）
17（37行）

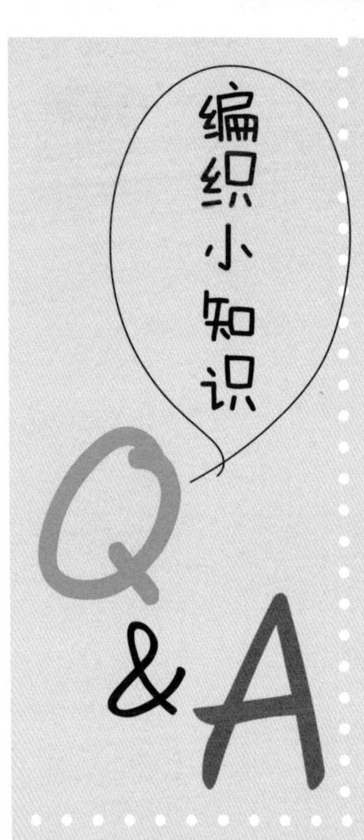

Q 『针数』和『行数』到底如何计数？

A 棒针编织时，起始行算作第1行；钩针编织时，起针行不算作第1行。长针锁针起立针为第1针，短针起立针不计入针数。

棒针编织

正针

钩针编织

长针

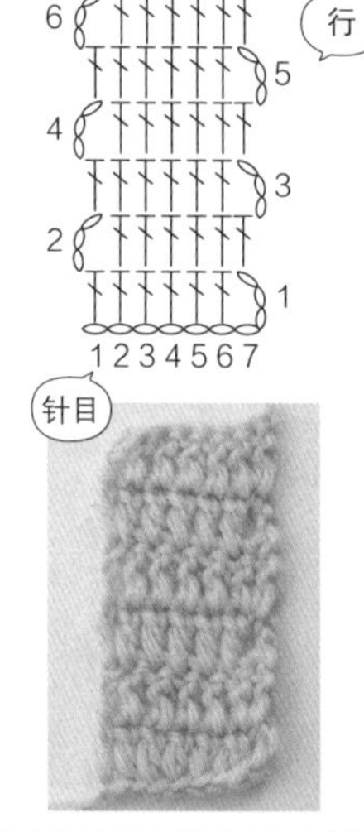

短针

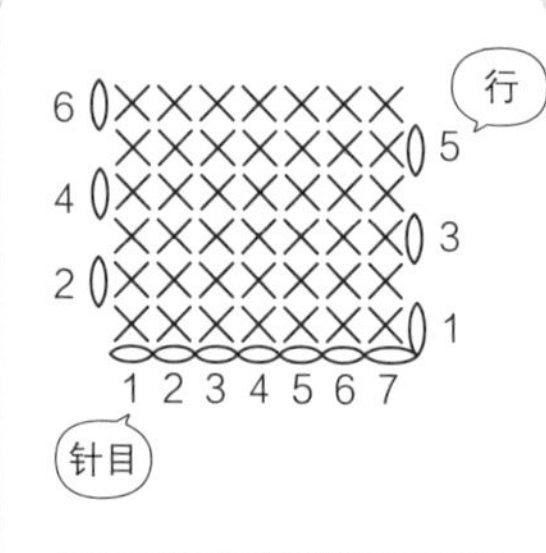

Q 暂停之后再重新开始，就分不清编织方向了。

A 棒针编织时，连着线团的一侧为右。

在一行的中间暂停编织时，钩针编织有高低差，易于辨认。但棒针编织高低差不明显，不易分辨。所以尽量避免在中段停针，完成一整行后再暂停。不得已停针时，记住连着线团的一侧为右。

棒针编织

连着线端的一侧为右。

钩针编织

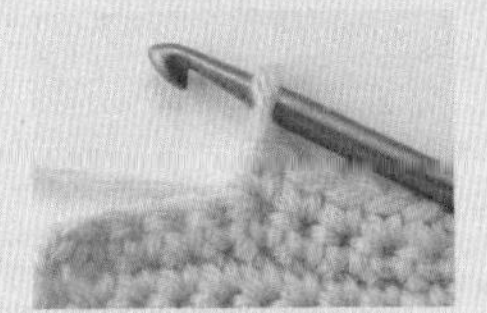

往较低一侧钩织。

Q 不确定自己在织正面还是反面……

A 如果是正面，起针的线头在织片左下角。

不管是棒针还是钩针，正面看时，起针的线头都在织片左下角。线头在右下角时，则为反面。但棒针编织中，仅限『手指绕线起针』的情况（本书所有作品均为『手指绕线起针』）。也可以在正面放置记号扣，更易分辨。

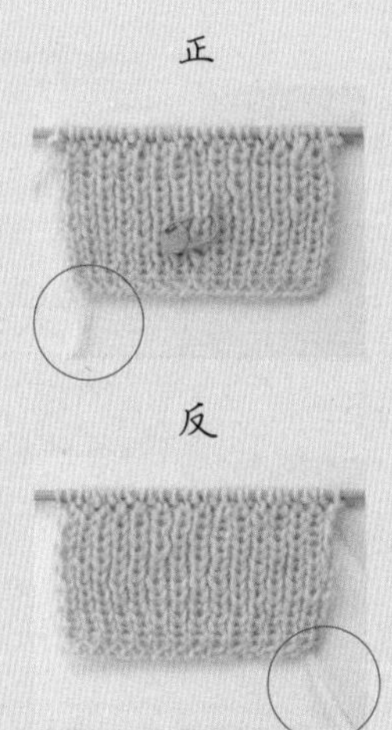

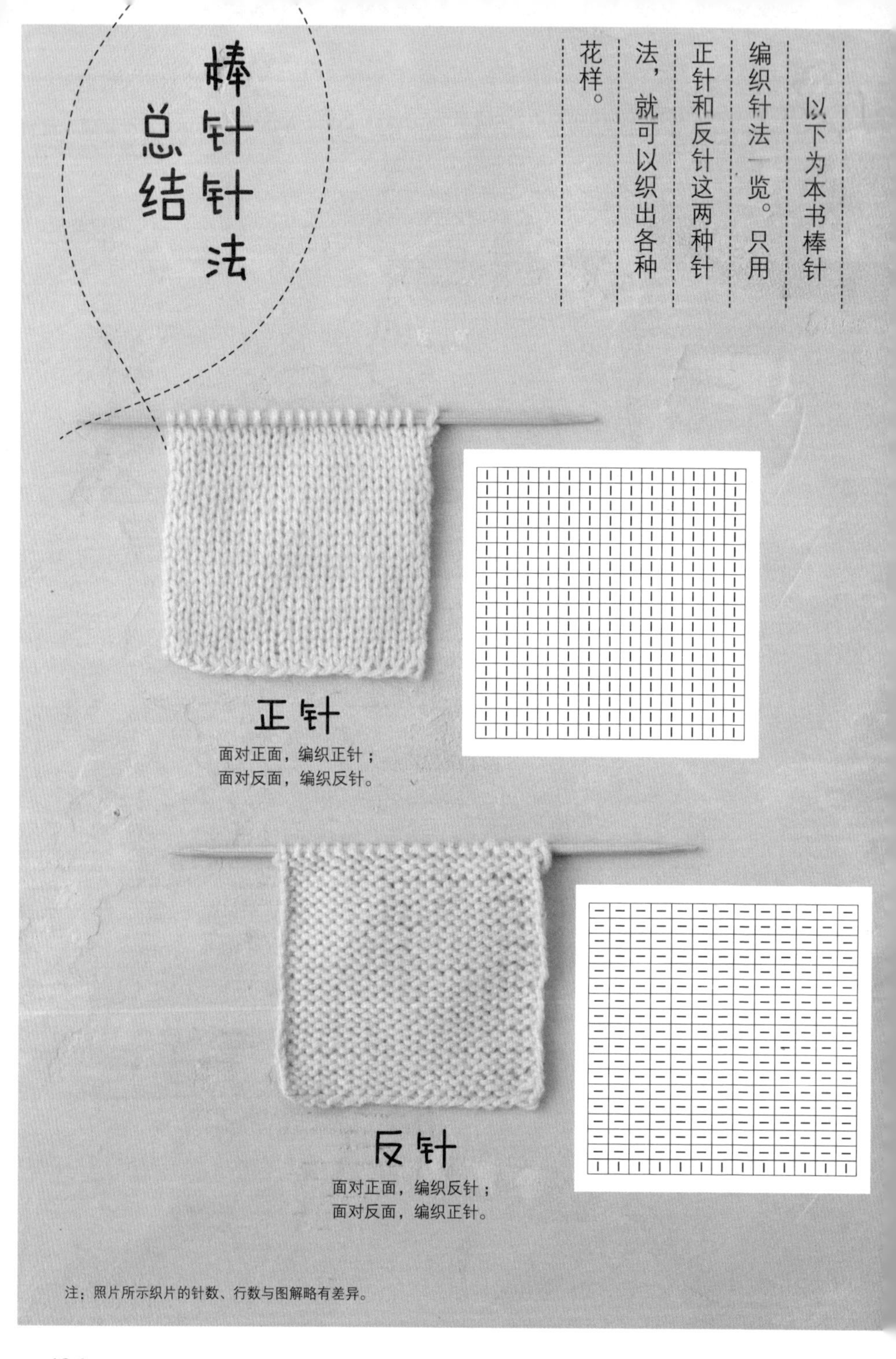
棒针针法总结
以下为本书棒针编织针法一览。只用正针和反针这两种针法，就可以织出各种花样。
正针
面对正面，编织正针；
面对反面，编织反针。
反针
面对正面，编织反针；
面对反面，编织正针。
注：照片所示织片的针数、行数与图解略有差异。

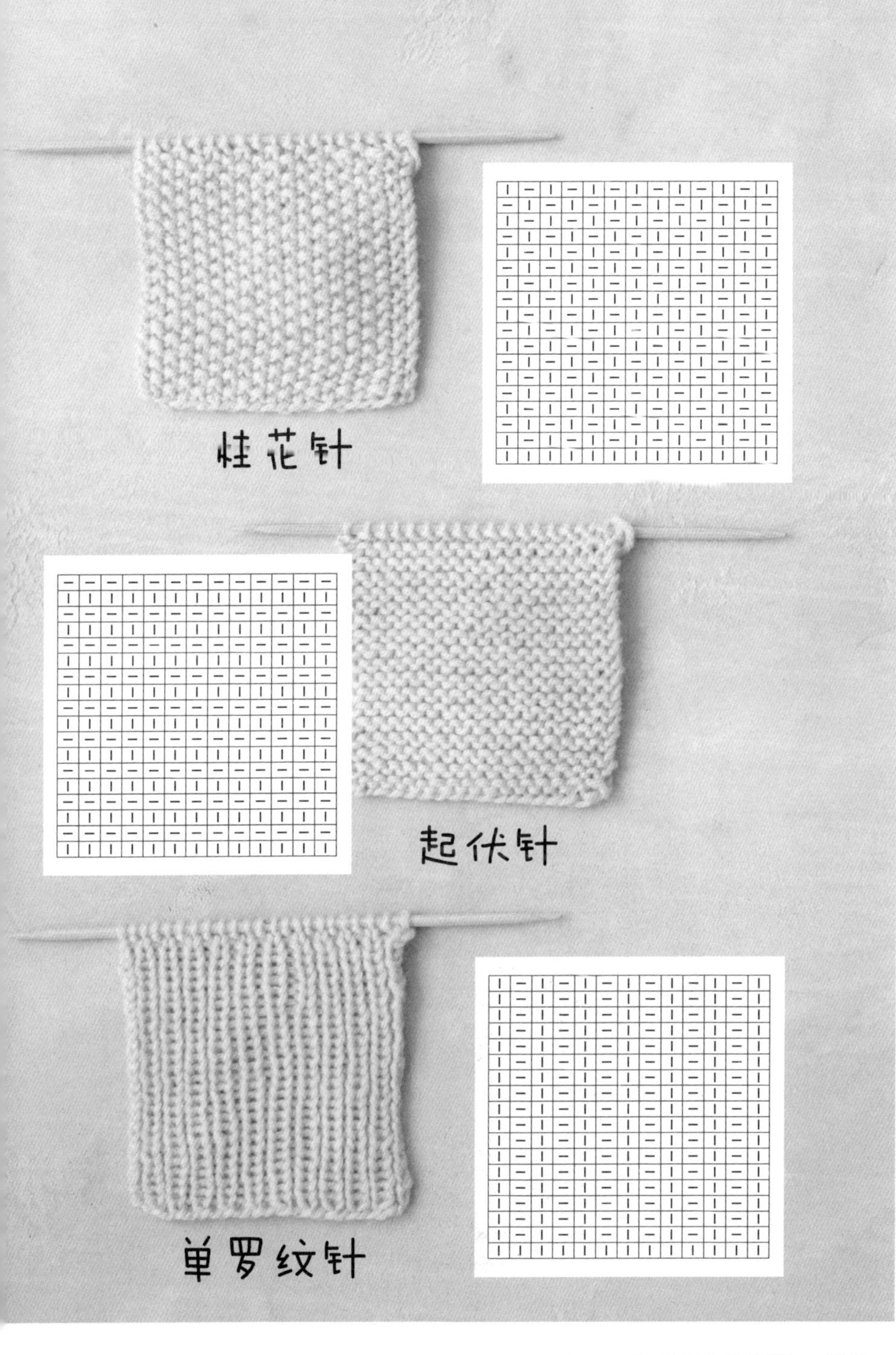
桂花针
起伏针
单罗纹针

Lesson 4

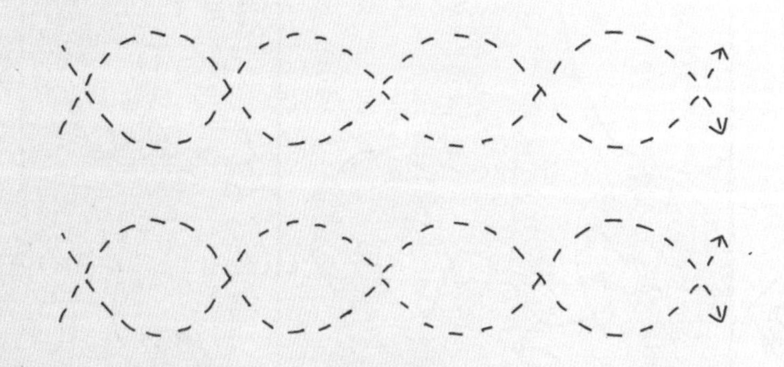

棒针的交叉针编织

交叉针看似复杂，但也只是正针和反针的组合。来挑战一下吧！

▶ **观看视频！**

风帽围巾编织方法

新品到店
商场
热闹
热闹
这个好可爱啊！
新品到
好看，很适合你！
嘿嘿嘿！马上发奖金了，要不要买呢……
转身
¥1200.00
……
这个……小白也能自己做吧？
……
悄悄放回
你不是刚给小福织了可爱的手套吗？
对吧？
对呀！
你去买材料吧！
我们去吃甜点啦！
□△书店
教程看起来完全不一样啊！
嗯……
手作冬日小物
收银台
姑且先买了……
帮您保管！
秋季新刊
新刊展
手作店
这个也先买了吧……
Book

不好意思，这种线售罄了。
换成这种可以吗？
粗细相同，100%天然材料更亲肤。
是澳洲羊毛。
天然材料真不错……1团50元！
需要8团……
好贵……
而且参考这个教程的话，还要准备弓形针。
还需要10号棒针……你有吗？
啊？没有……
嗯
啊！
全部放下
真是的，干脆全买了吧！
谢谢惠顾
显示
¥500-
欢迎再来！
比买成品便宜，比买成品便宜……
100
100
100
嘟囔
嘟囔

……就这样，我花了四五百块！
绝对要做出成品！
激动
哇——
这线很不错呢！
咨询店员之后再购买，很明智。
因为老师一开始就说过呀！
我连弓形针都买了，准备齐全！
你还记得啊……老师真的好感动。
泪目
虽然距离使用弓形针还有很长一段路……
啊，这样的吗？
冲呀！过年要去公婆家（北方），在那之前一定要完成！
拜托老师您快一点教我！
!?
还有一个多月啊……
……嗯，不太容易吧。
担忧
嗯……总之先做做看吧！
好的——

风帽围巾图解
这是图解。
尺寸确实很大呢！
将两片缝合。
手作冬日小物

那从左侧织片开始吧。
起针和暖手手套一样！
那么第一步是什么呢？
嗯……
起针！
对！起始行是51针。
完成啦！已经掌握方法了。
接下来抽出一根针，开始织第2行。
按照图解的箭头所示方向编织！
编织方向
完成了第1行（也就是起始行）

左手食指挂线，将织片前倾，右针从右往左插入左侧线圈，然后挂线。

如箭头所示挑线。

反
正
从正面看是这样的……
像这样，正针和反针交替编织的针法叫作『罗纹针』。
完成第2行啦！
像这样每一针交替的叫作『单罗纹针』，每两针交替的叫作『双罗纹针』。
罗纹针织片富有弹性，所以多用于毛衣下摆和袖口、领口。
嗯？我织的好像没啥弹性啊……
别急，织到一定程度就会有弹性了。
继续加油吧！

已经织到第5行了。
哇，开始有弹性了！
正针凸出来，反针凹进去。
从侧面看……
拉伸织片的话，会自然伸缩呢！
弹——
对吧！
正
反
织到第8行了。
呼——
20
10
9
8
1
51
40
30
20
10
1
针目很整齐啊！织了这么多针数，累了吧。
今天就到这儿吧！
咦？
以这个进度，会赶不上计划吧？
至，至少教我织到这里吧！
其他的我在家也可以自己做……
小白……你不用忙家里的事吗？
惊讶

嗯……要说忙不忙……
年末总结……
跑来跑去
好像，还挺忙的……
果然……
这样吧！小白买了四根棒针，还剩两根吧！
你可以在家织好另一片的前八行，怎么样？
另一片
对对对！
我在家接着织！
哈哈哈
乱讲！
不声不响
这也太啰嗦了吧！
哈哈哈……
深夜电台
好……
开心
只有正针和反针，可以一边听广播一边织！
深夜编织，效率超高！
哇——
编织的快感！
小白，别熬太晚了……

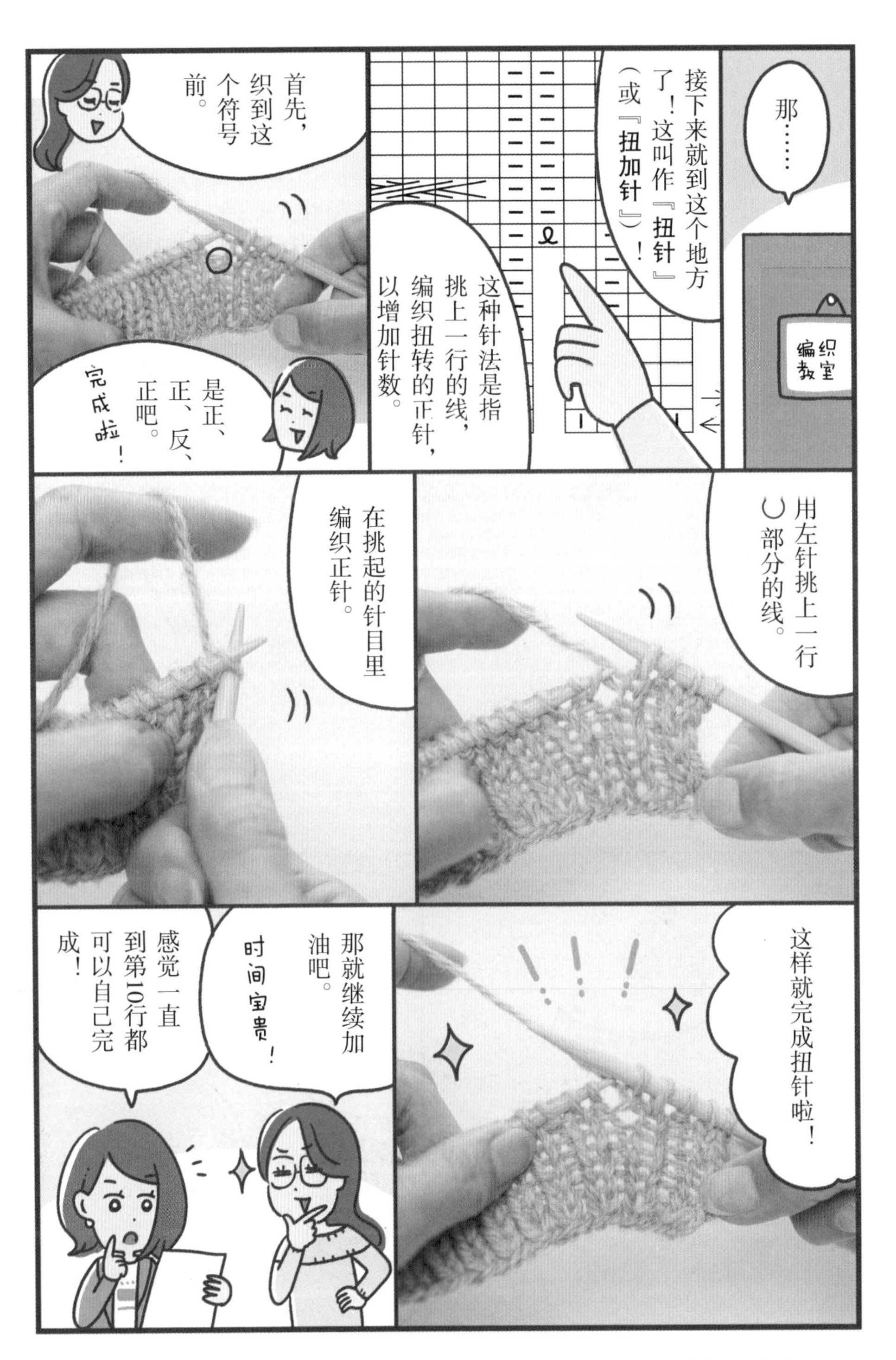
那……
编织教室
接下来就到这个地方了！这叫作『扭针』（或『扭加针』）！
这种针法是指挑上一行的线，编织扭转的正针，以增加针数。
首先，织到这个符号前。
是正、正、反、正吧。
完成啦！
用左针挑上一行◡部分的线。
在挑起的针目里编织正针。
这样就完成扭针啦！
那就继续加油吧。
时间宝贵！
感觉一直到第10行都可以自己完成！

前十行都织好啦！
止针的凸起和反针的凹陷都变明显了。
正
正针处凸出来
反针处凹进去
反
凹凸与正面相反
那么，接下来就是交叉针。
交叉针！终于到这一关了！
是啊！首先编织到第11行的第6针吧。
正、正、反、正、反、反，完成啦！
反
反
正
反
正
正

接下来，是这里！叫作『左上3针交叉』。
原本要按红色数字的顺序编织，现在变成按蓝色数字的顺序编织。
什么意思？
这里就要用到弓形针啦！
拿出
终于！
从④开始编织的话，①、②、③会在前面挡着。
所以，要把这三针暂时挂在弓形针上，放到织片背后。
避开①、②、③之后，就可以编织④、⑤、⑥了。
完成④、⑤、⑥后，用弓形针上的①、②、③编织正针。
嗯……
弓形针上的①、②、③好难织！
确实是的，放松一点，不要太用力。
加油！

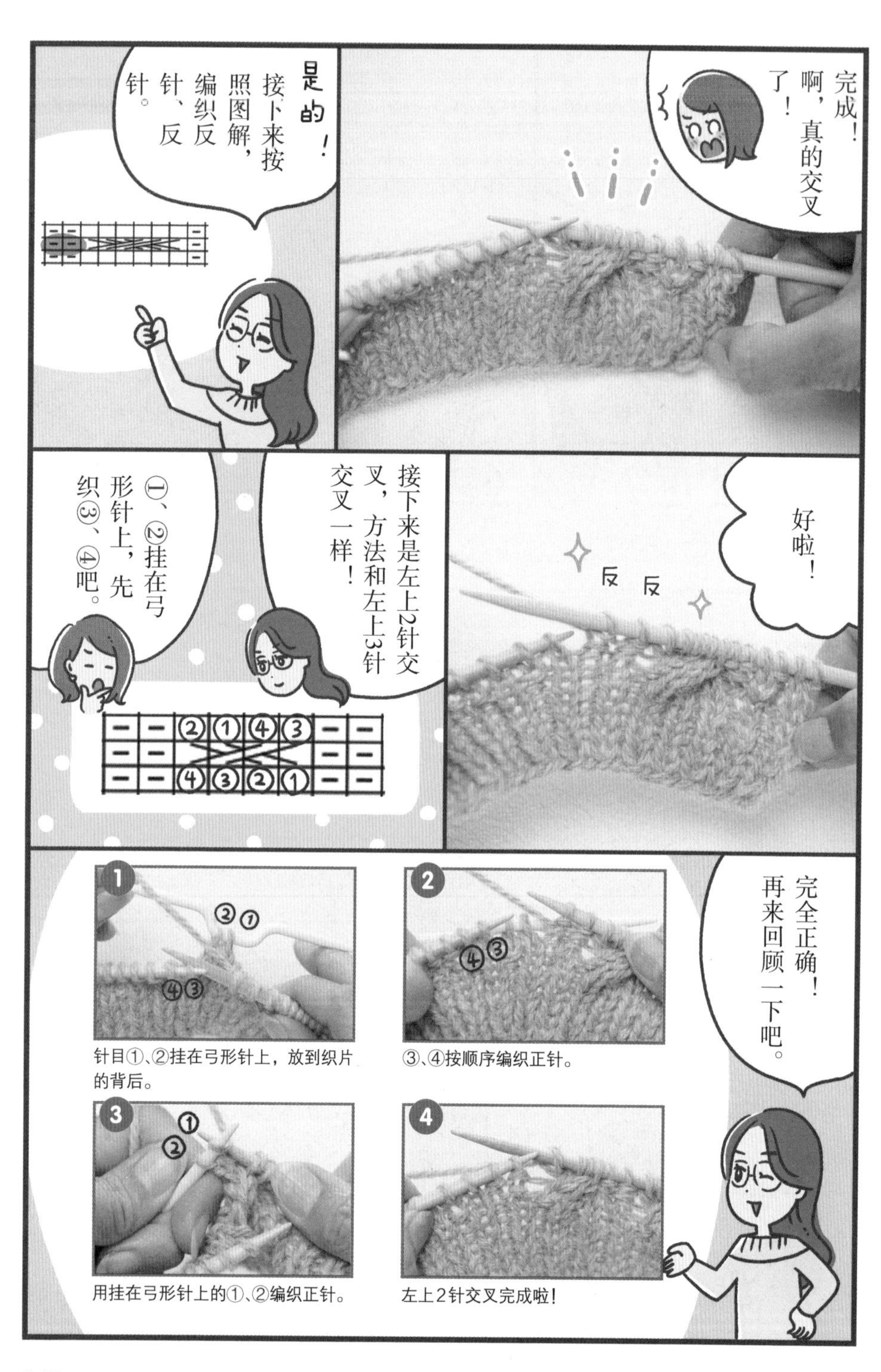

针目①、②挂在弓形针上，放到织片的背后。

③、④按顺序编织正针。

用挂在弓形针上的①、②编织正针。

左上2针交叉完成啦！

十一行全部完成啦！
正
反
还不错！
到这里就都掌握了，可以织到第202行了！
之前我说过，棒针编织的基础，只有正针和反针两种针法。
嗯，差不多……
第145行的扭针已经学会了吧。
虽然交叉了，但其实只织了正针。
在这个基础上，按照图解仔细编织……
现在的小白可以全部织完了！
泪目
好的！
总共两百零二行，而且要织两片的话，肯定要花很久。
暂时可以不用来教室，在家自己编织吧。
如果有问题的话，可以随时来，
也可以线上问我！
激动
加油！
老师好温柔
我会加油的！

话说……
悄悄
中村到底是何方神圣啊？
男生玩编织，还真是稀奇。
是吗？其实现在很常见的。
我的学生里男女老少都有，有小学生，也有老爷爷！
他们来的时间比较早，小白碰不到而已。
哇！
都是因为什么开始玩编织的呢？
咳咳，我听得到的。
啊——
惊吓
其实……我很难买到合身的针织衫，所以就想着，干脆自己来织！
合身？
心有余悸
我在大学时玩橄榄球，所以……
壮实
入坑久了，就被编织迷住啦……
穿，穿衣显瘦啊……
像中村一样，很多运动员都喜欢编织。
这样啊。每个人『入坑』编织的契机都不一样呢。

1 以正针的针法，在第1针处入针，将针目移到右针，第2针编织正针。

2 用左针挑第1针盖在第2针上，同时左针滑出。

3 完成右上2针并1针！也就是减了1针。

☆请参考p188。

编织到最后两针前。

右针一次性插入最后两针针目，编织正针。

完成左上2针并1针，减少了1针。

★请参考p188。

另外一片也完工啦。
把两片缝在一起就大功告成了……
今天要做完吗？
要！就是这个打算，所以家务已经都拜托给丈夫了！
这点小事交给我！
今天吃爸爸牌咖喱！
好嘞！那现在就进入最后一步！
这个部分
首先缝合头顶部分。
将头顶这部分织片的正面重合。
缝合时，将织片的正面与正面相对。
正
反

头顶部分的连接

这叫作『伏针缝合』，很容易漏掉针目，编织时一定要注意。

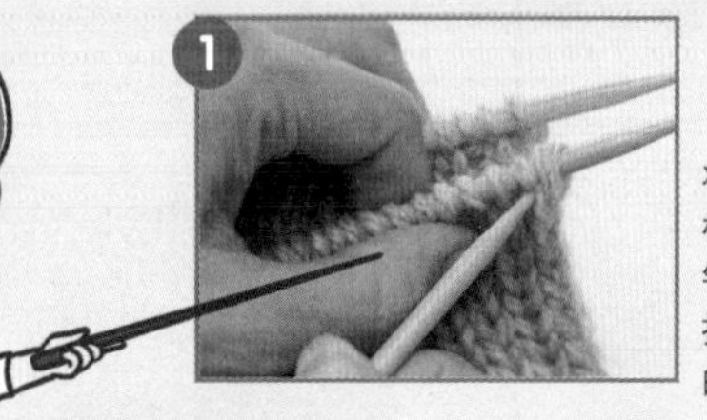

1 将两块织片的正面相对，用另一根棒针（非带球棒针），挑前面织片最右边的针目。

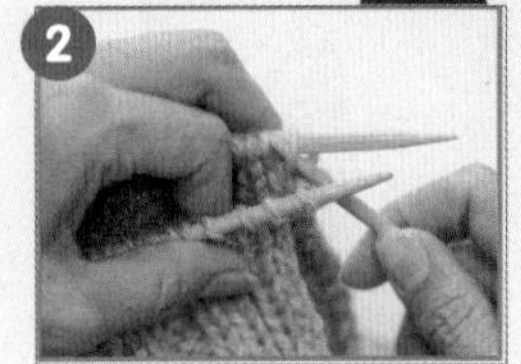

2 接着在后片的最右针目入针。

3 将❷挑起的针目，引出❶挑起的针目。

4 前后两织片各滑出1针针目。

5 重复❶～❹。

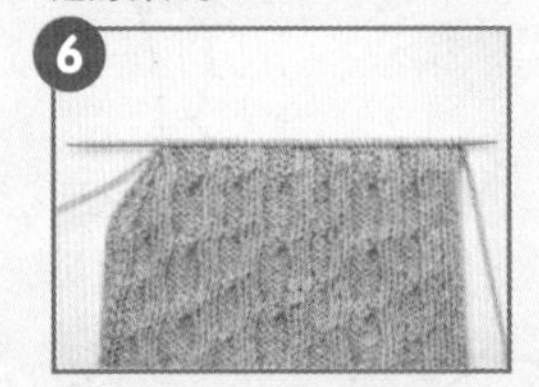

6 完成一行后，织片上剩下一根棒针。

7 从右端开始伏针收针（参考p115、p188）。

8 完成到最后一针之前。

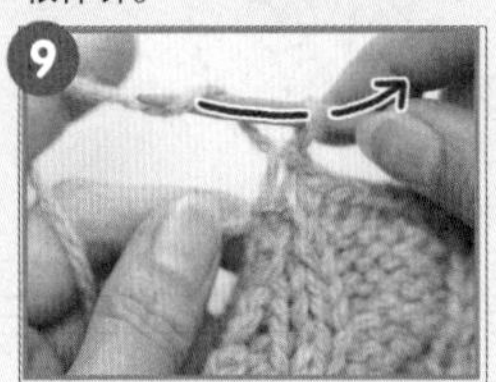

9 最后编织1针锁针。

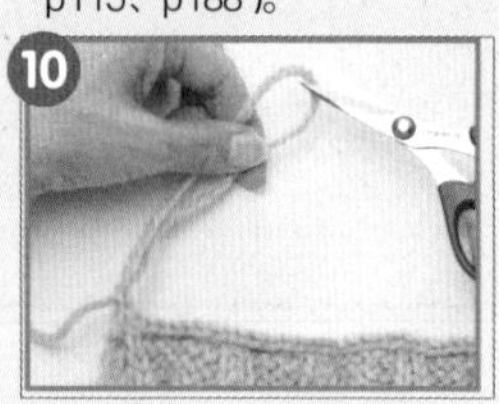

10 拉大线圈，预留15cm剪断线头。

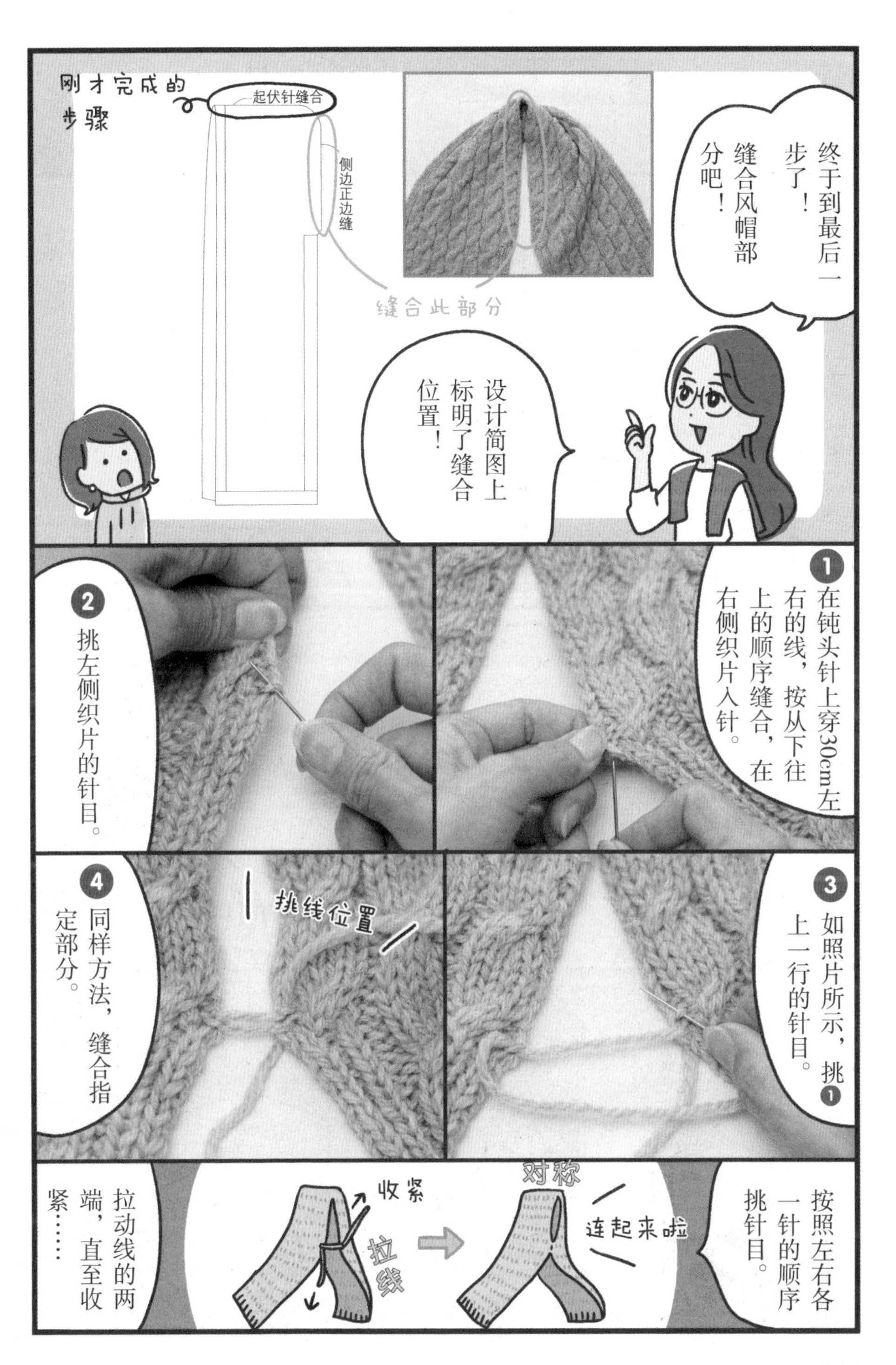

刚才完成的步骤
起伏针缝合
侧边正边缝
缝合此部分
终于到最后一步了！缝合风帽部分吧！
设计简图上标明了缝合位置！
❶在钝头针上穿30cm左右的线，按从下往上的顺序缝合，在右侧织片入针。
❷挑左侧织片的针目。
❸如照片所示，挑❶上一行的针目。
❹同样方法，缝合指定部分。
挑线位置
按照左右各一针的顺序挑针目。
拉动线的两端，直至收紧……
收紧
拉线
对称
连起来啦

就是说……
完成啦！
闪亮
恭喜呀！
之后就是收针和熨烫……
好啦好啦！已经很晚了，回家再弄吧！
我也差不多该回家了
等天冷的时候，记得戴来让我看看。
我也不会落后的。
狂奔狂奔
哈哈哈，加油！
熟睡
好厉害！小白技艺突飞猛进啊！
因为小则给了我很大支持嘛。

但也花了不少工夫！
啊，好累啊……
是吗？
小白在编织的时候，
看起来超开心的。
……嗯！
我现在完全迷上编织了……
十分享受！
还交到了『织友』！
小福说她想做一玩偶，下次跟她一起试试看！
不错呦！
年初
啊！小白，听说这个你用一个多月就做出来了……
早上好！
对啊！是天然线材，特别暖和！

完成得这么快！不枉你废寝忘食地织……
本来我还以为要做一个冬天呢。
对吧，对吧！
企划书
因为小白爱上编织，现在网站的内容也丰富不少。
对手工的热情表达得很到位嘛！
客户的评价也很高。
嘿嘿嘿……工作和兴趣相辅相成。
好在给夏天留的时间还很充裕，我可以开始织遮阳帽了。
放下
我还想让一家人穿亲子装！
你比我『入坑』还深！
嘿嘿嘿
遮阳帽……
好可爱
我也做一顶吧！
啊！那下次一起去手工店买材料吧！
好呀！再叫上中村！
冲呀——

复习

基础制作指南

风帽围巾

线材：HAMANAKA SONOMONO索罗羊驼羊毛　#44（灰色）320g

用针：两根棒针 10 号

密度：纹路编织　10cm×10cm为 22 针×24 行

尺寸：宽 24cm×长 89cm

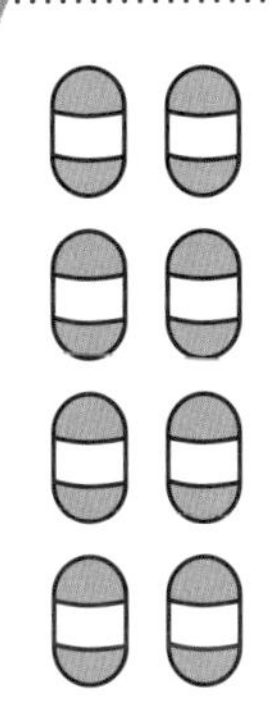

编织方法：单股钩织。

手指绕线起针，编织 8 行单罗纹针。

加针 1 针后，进行纹路编织。

在第 145 行加针，编织风帽部分。

在风帽部分减针。再编织一片左右对称的织片。

头顶部分伏针缝合。风帽部分采用侧边正边缝。

设计简图

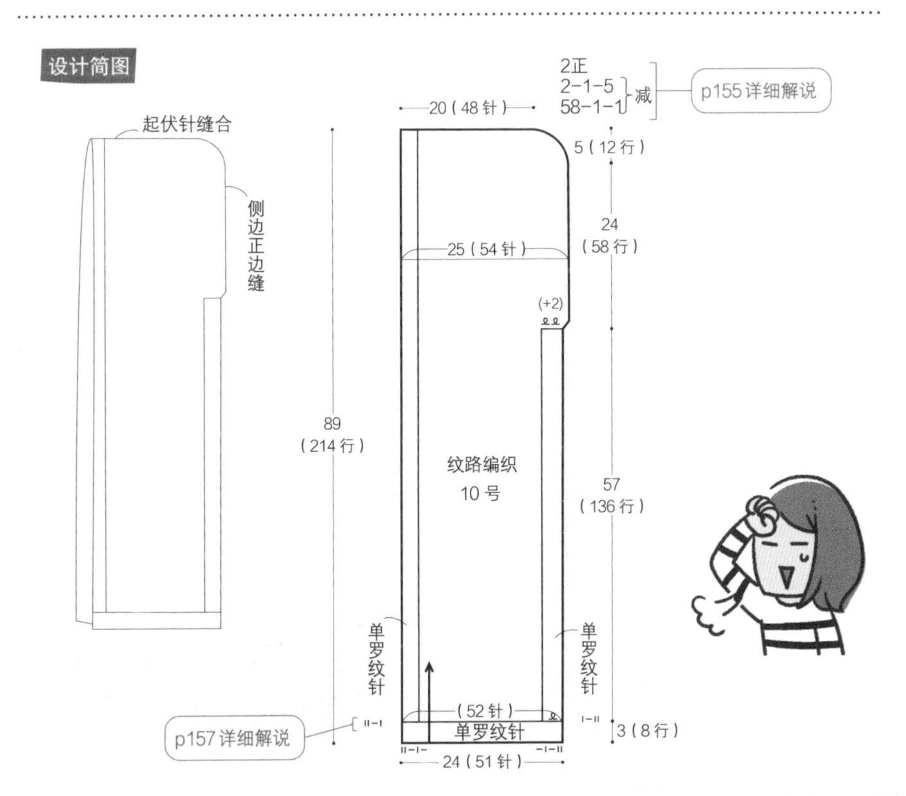

风帽围巾

图解①

从正面看，
这是右半
部分。

214 → 210 → 200 → 190 → 180 → 170 → 160 → 150 → 145 ← 140 → 130 → 120 →

→214 →210 →200 →190 →180 →170 →160 →150 ←145 →144 →140 →130 →120

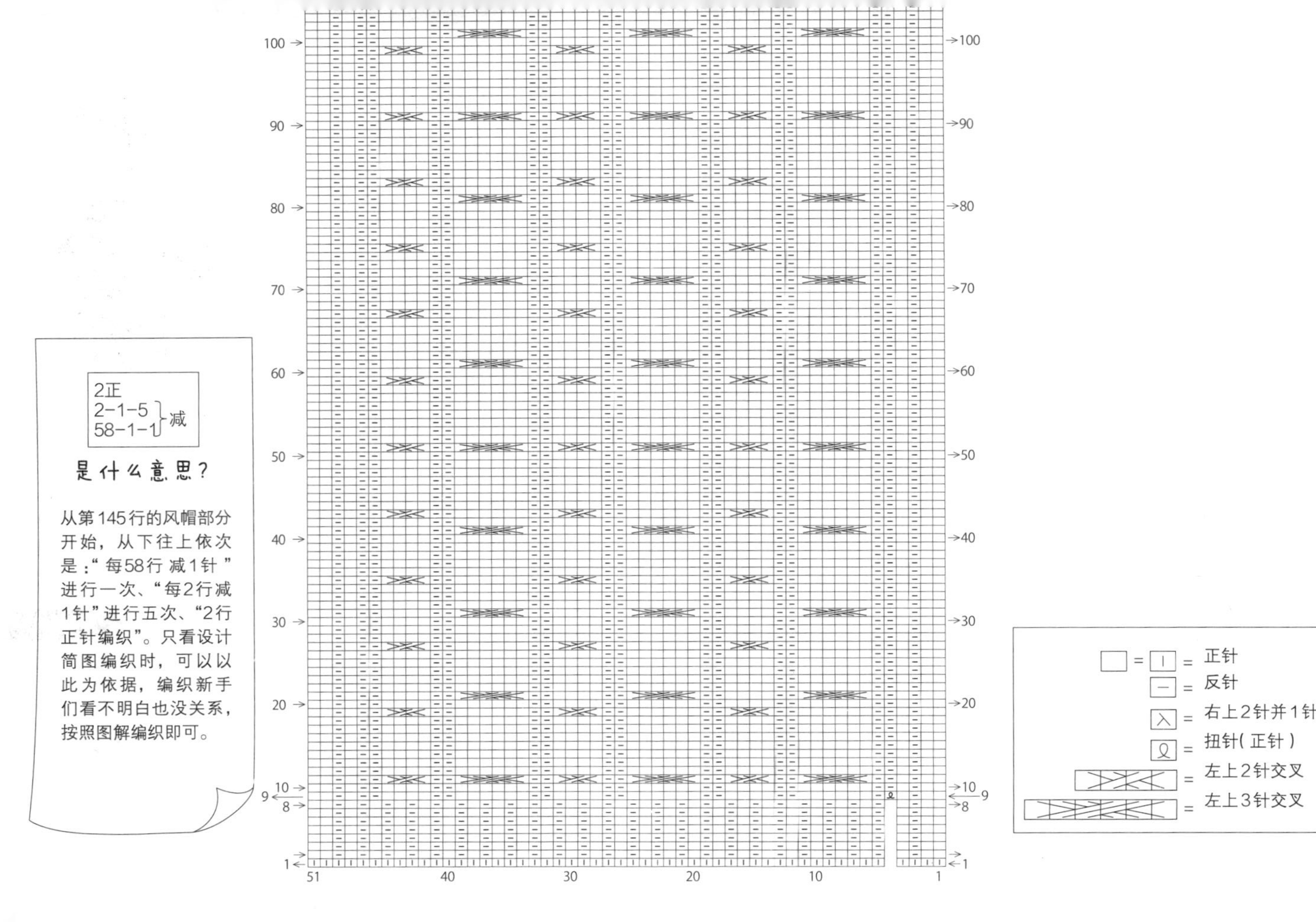
2正
2-1-5
58-1-1
减
是什么意思？
从第145行的风帽部分开始，从下往上依次是："每58行减1针"进行一次、"每2行减1针"进行五次、"2行正针编织"。只看设计简图编织时，可以以此为依据，编织新手们看不明白也没关系，按照图解编织即可。
100
90
80
70
60
50
40
30
20
10
9
8
1
51
□ = [|] = 正针
[—] = 反针
[入] = 右上2针并1针
[Q] = 扭针（正针）
= 左上2针交叉
= 左上3针交叉

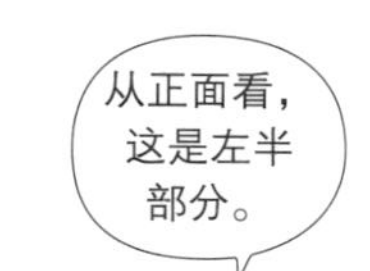

214 →
210 →
200 →
190 →
180 →
170 →
160 →
150 →
145 ←
144 →
140 →
130 →
120 →

→214
→210
→200
→190
→180
→170
→160
→150
←145
→140
→130
→120

□ = Ⅰ = 正针

— = 反针

入 = 左上2针并1针

Ω = 扭针（正针）

= 左上2针交叉

= 左上3针交叉

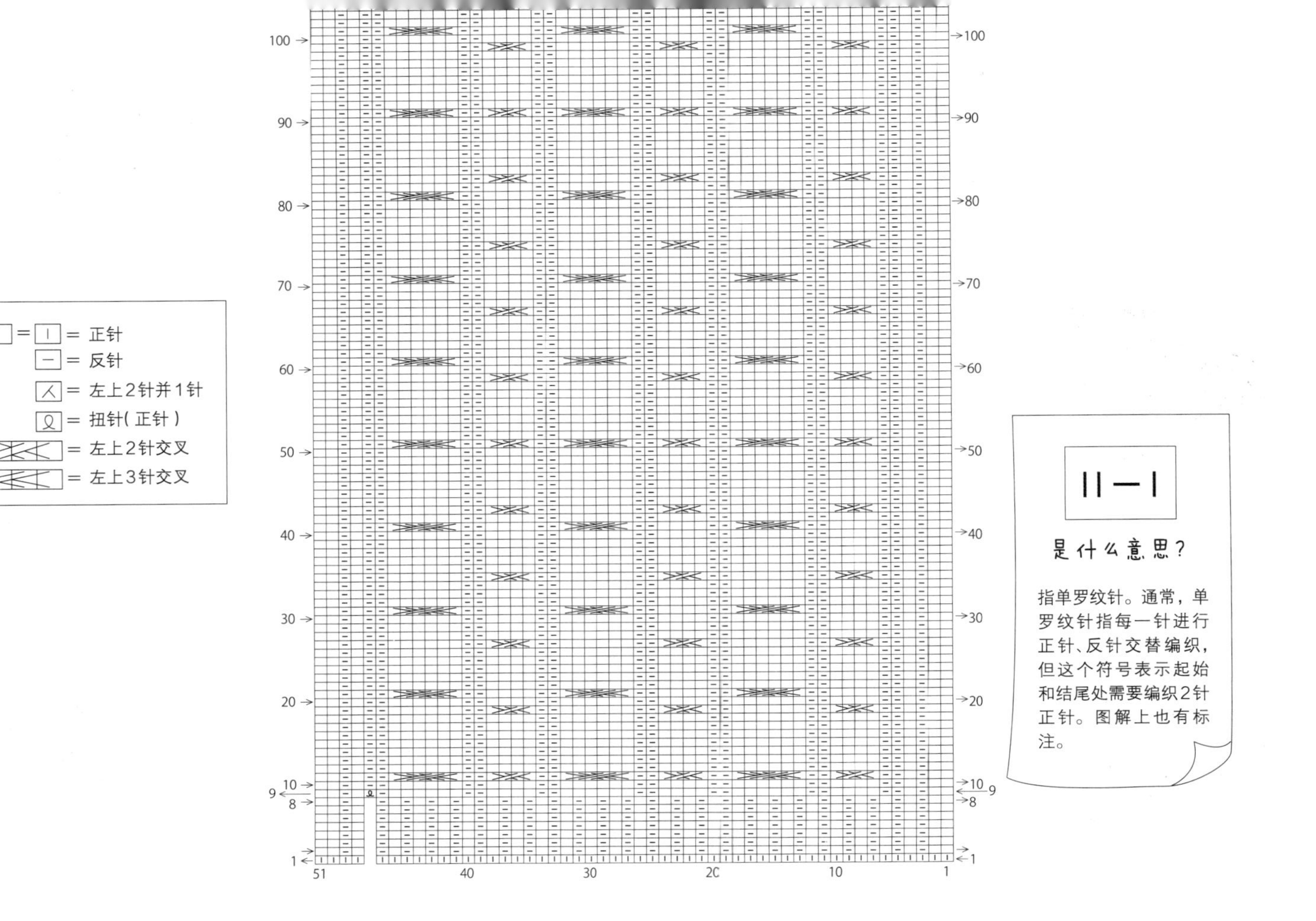

Ⅱ—Ⅰ 是什么意思？

指单罗纹针。通常，单罗纹针指每一针进行正针、反针交替编织，但这个符号表示起始和结尾处需要编织2针正针。图解上也有标注。

进阶制作指南

交叉针冬帽

线材：Puppy芭贝 queen anny　#828（藏蓝）106g

用针：四根棒针　6号

密度：纹路编织　10cm×10cm为25针×25行

尺寸：头围48cm

编织方法：单股钩织。

手指绕线起针，进行圈织。

采用单罗纹针和纹路编织，如图，编织过程中不断减针。

最后一行用线穿两圈并收紧。

设计简图

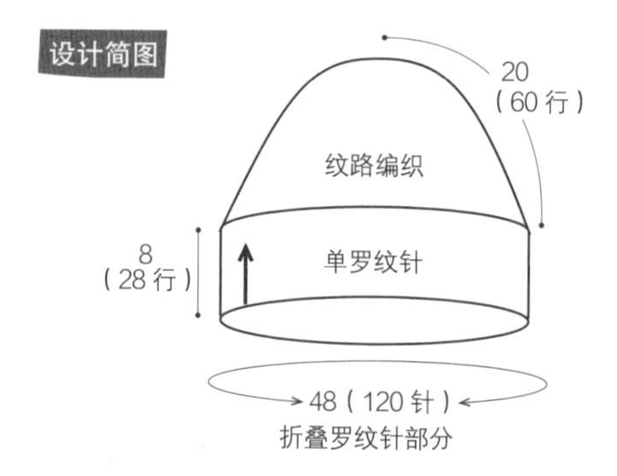

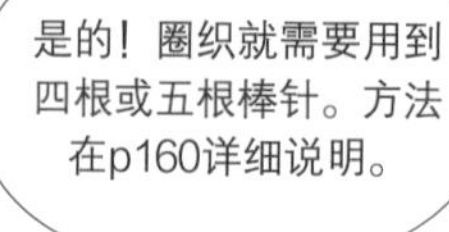

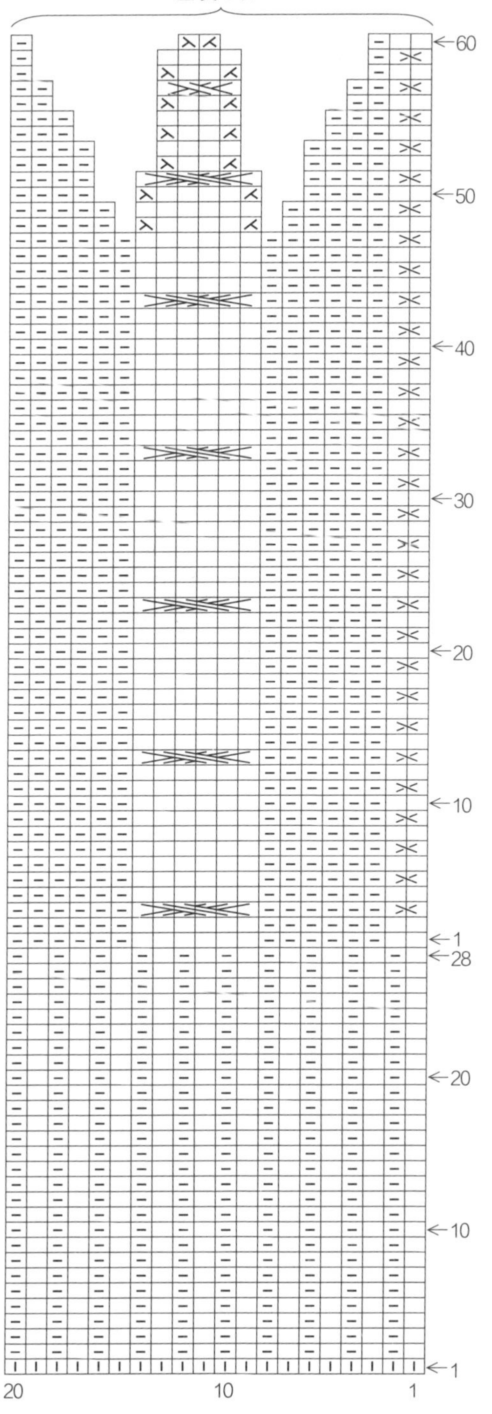

图解

最后一行36针，
用线穿两圈并收紧。

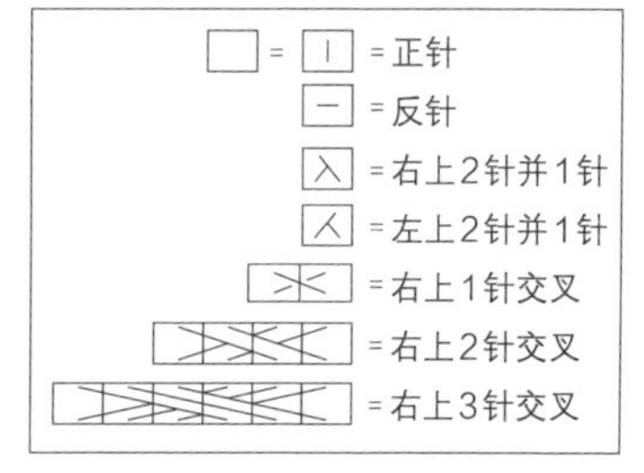

要点① 四根针的使用方法

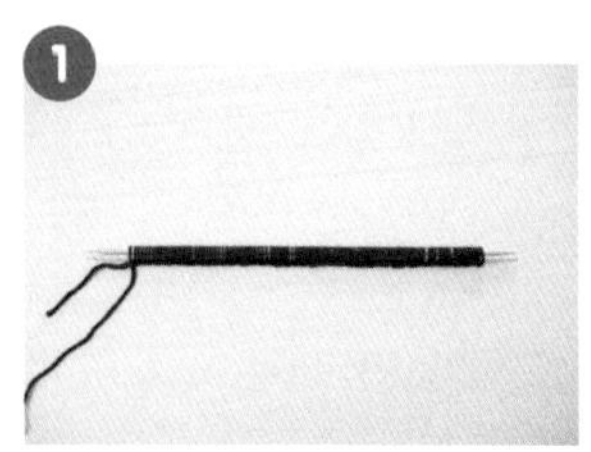

1 用两根棒针，手指绕线起针后，抽出一根针。

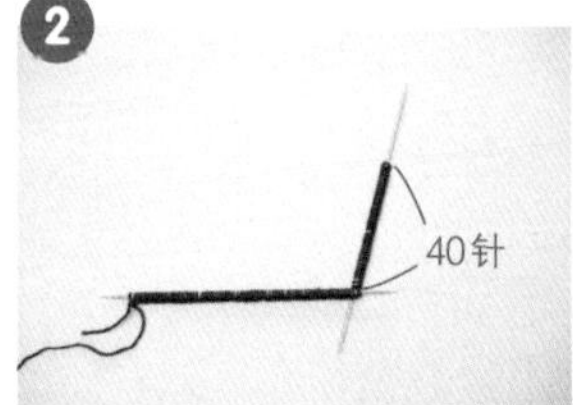

2 将40针针目移到一根针上。

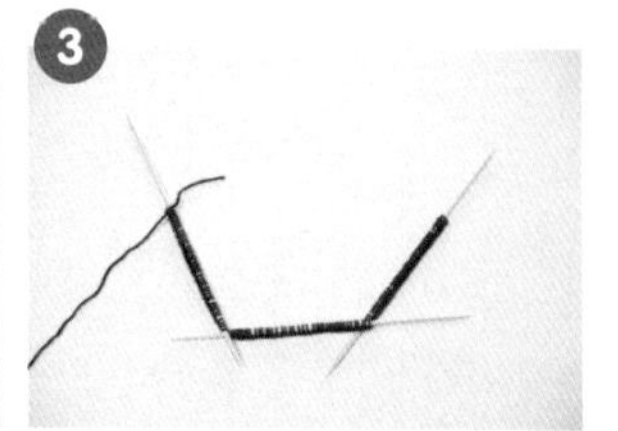

3 再将40针针目移到另一根针上。

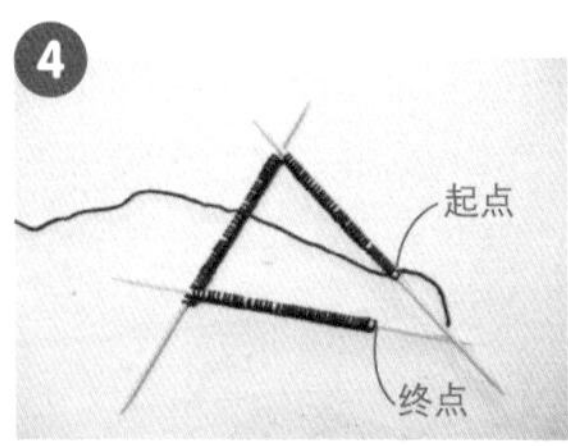

4 连接起始行的起点和终点。

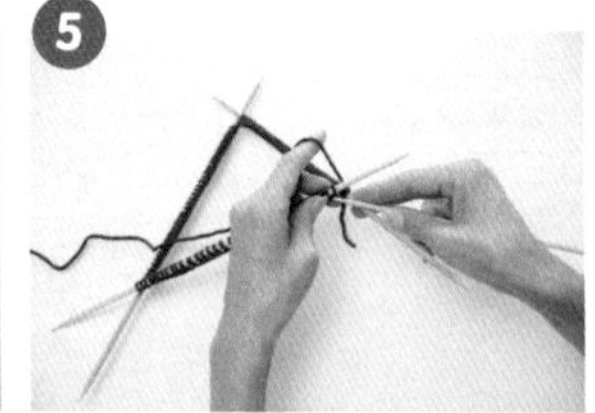

5 确认织片没有扭转，起始行的起点放在右侧、终点放在左侧，右手持第4根针。

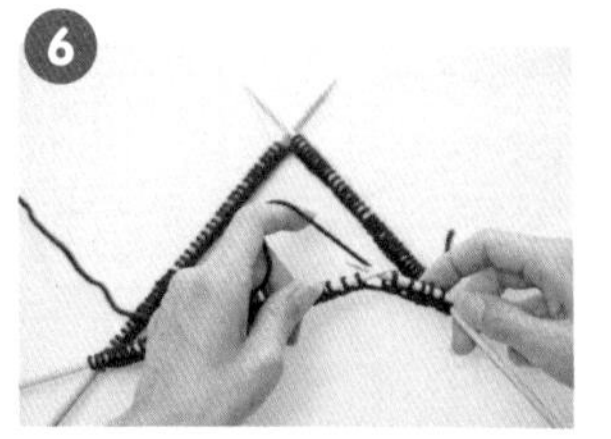

6 按照图解进行编织，左针空了之后换到右手，继续编织。

要点② 最终行的处理

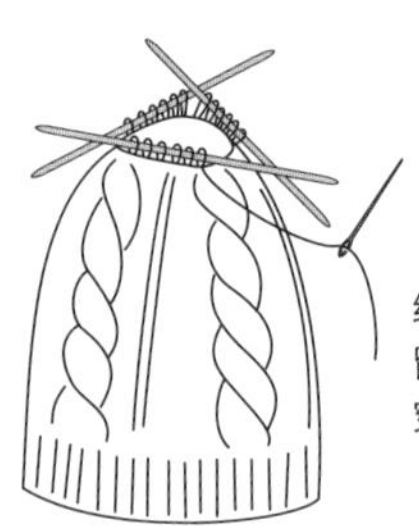

编织到最终行，预留20cm线头剪断，穿上钝头针。

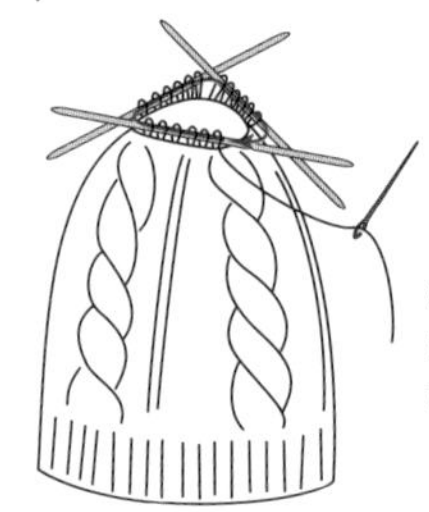

如箭头所示，用线穿过最终行两圈并收紧，在背面收针。

小贴士　环形针也OK

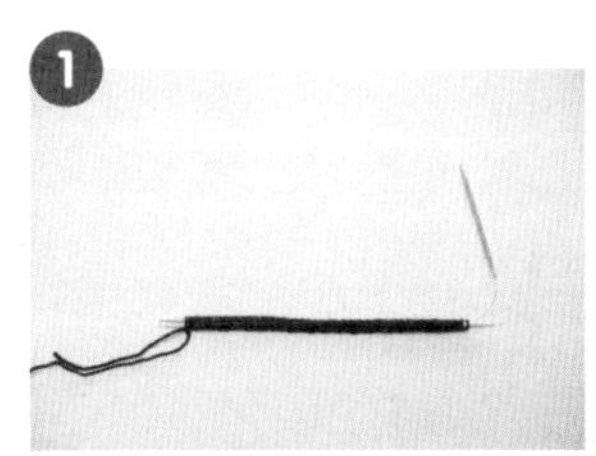

用环形针其中的单根针和一根棒针，手指绕线起针。

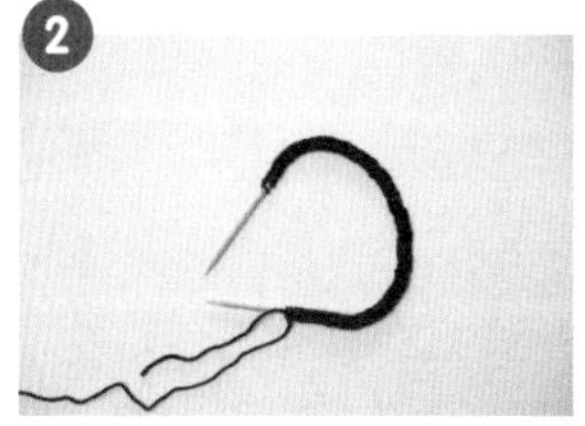

抽出棒针，把针目都移动到环形针上。

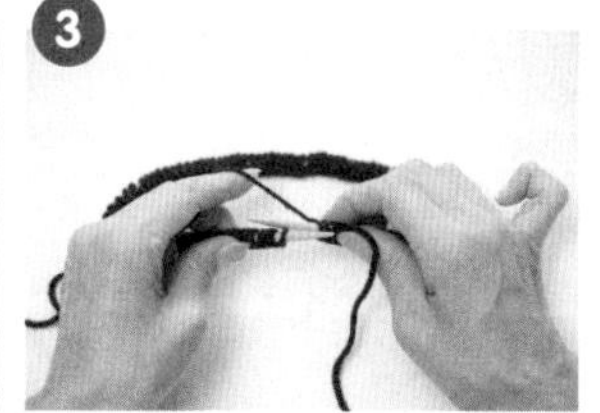

确认针目没有扭转，持针和棒针一样，起始行的起点在右、终点在左。

按照图解进行编织。

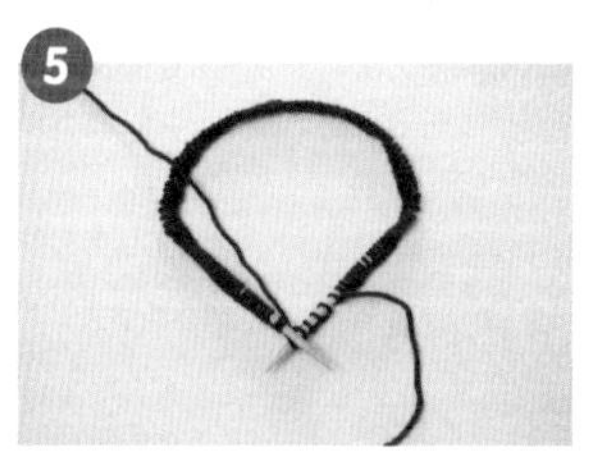

图中为编织到第2行的样子。

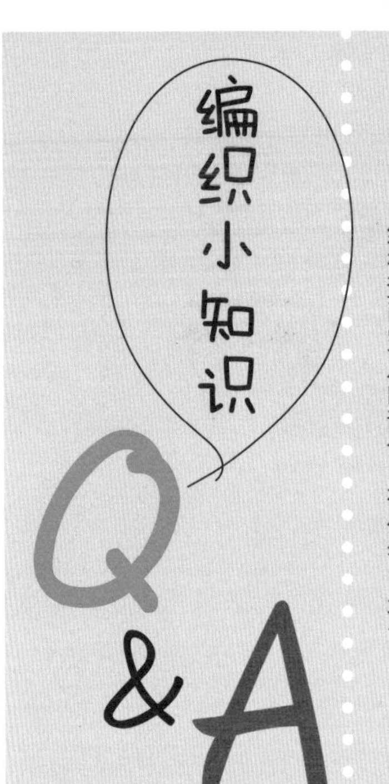

Q 做大型织物时，非常考验耐心，需要做什么心理准备呢？

A 关键在于每天都要勤动手，持之以恒。

漫画主人公小白夜以继日地编织『风帽围巾』，在很短的时间内就完成了。但如果像她一样花费太多时间，可能会影响日常生活。制作大型织物时，可以每天编织一小部分。但间隔时间过长，放线的力度可能不均匀，针目会变紧或变松。另外，编织时也要仔细检查已完成的部分，确保针目均匀。

Q 『编织的快感』是什么意思？

A 织到停不下来！

只要熟练掌握编织技巧，就只是重复作业，很多人能在此过程中感到愉悦。经常听说有人不知不觉就织了四五个小时，我自己也曾连续八小时沉迷其中。一直保持同样的姿势，可能会导致身体僵硬，适当舒展身体吧！

Q 不管什么年龄段都可以玩编织吗？

A 男女老少咸宜。

编织的一大优点就是男女老少都可以上手。作为一项精细运动，编织需要手指灵活运动，这可以促进大脑活跃。此外，你有看到过运动员玩编织吗？对他们来说，编织可以保持心态平稳，有一定的疗愈作用。

Q 怎么把针目从环形针转移到四根棒针上？

A 左手持环形针，右手持棒针开始转移。

环形针的长度有其适配的针数，针目过少时就无法编织。p161也提到过，图解中有减针时，需要中途将环形针换为四根棒针。左手持环形针，右手持棒针，将环形针上三分之一的针目边织边转移到棒针上。重复该过程三次，即可将全部针目转移至棒针。接着按照p160的教程，用四根棒针继续编织。

越深入，越热爱！

Q 风帽围巾只需要两根棒针吧，为什么小白买了四根？

A 这样性价比更高！

前文提到，棒针会以两根、四根（或五根）的组合来销售。需要用到两根针的时候，推荐提前购入四根，想编织桶状织物的时候，就能直接派上用场。此外，编织小物件推荐使用五根针，市面上也能买到号数更细的五根针组合！

进阶教程

其他小物制作指南

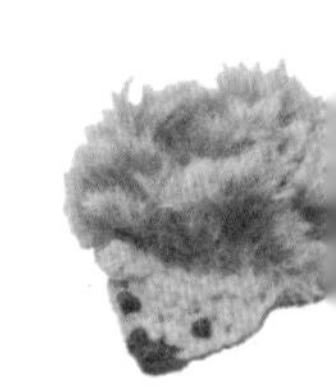

接下来的教程即使是初次尝试编织的同学，也可以即学即用。教程都是灵活运用之前学习过的针法。重点步骤处，实物图上都标注了要点。来试试看吧！

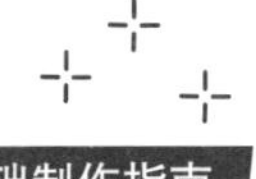

基础制作指南

购物包

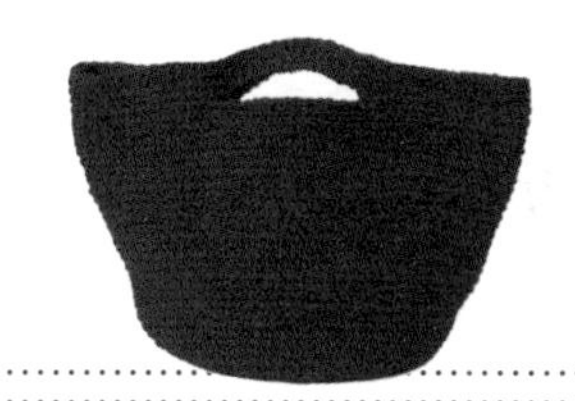

线材：横田 DARUMA 麻线　#6（红色）　376g

其他材料：HAMANAKA 皮革包底（浅驼色）

直径 20cm（60 孔・H204-619）1 片

用针：钩针　8/0 号

密度：短针　10cm×10cm 为 12 针×13 行

尺寸：包口 75cm×高 25cm

编织方法：单股钩织。在包底 60 孔内编织 72 针。

如图，编织过程中加针。

第 29 行编织提手，然后编织边缘。

设计简图

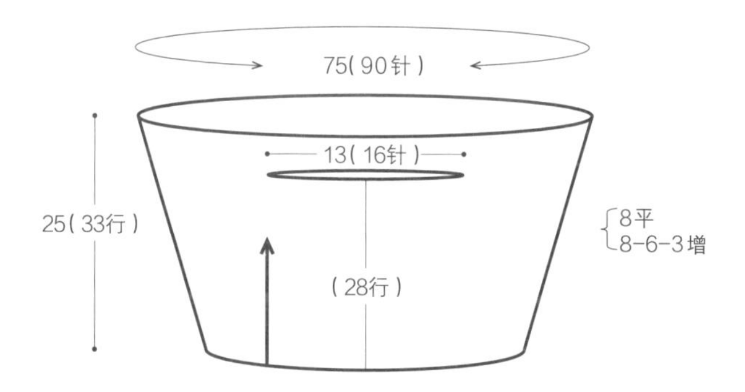

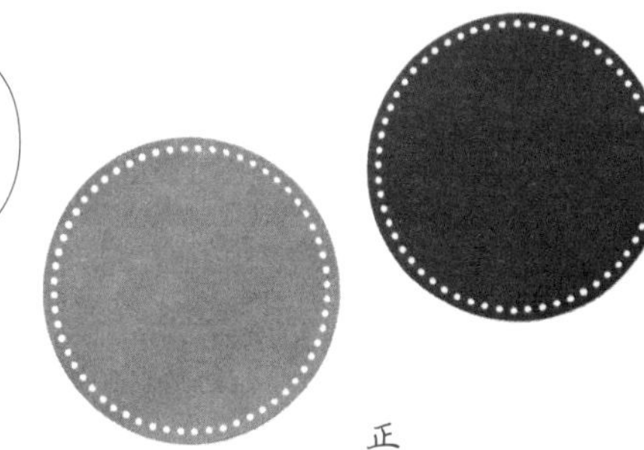

购物包

图解

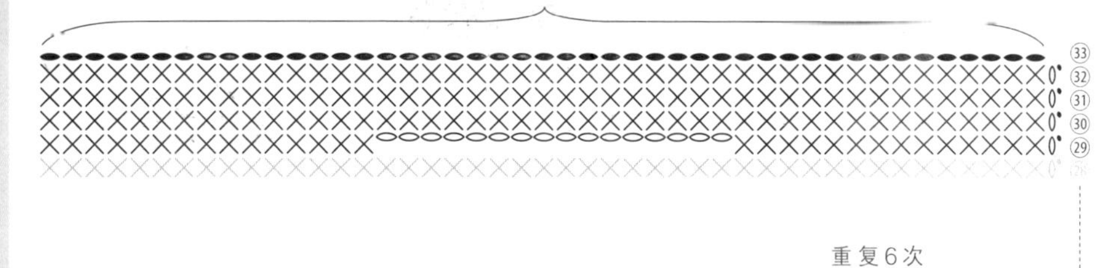

- ⬭ = 锁针
- × = 短针
- ∨ = 短针加针
- ● = 引拔针

行数	针数
24～33	90
16～23	84
8～15	78
1～7	72

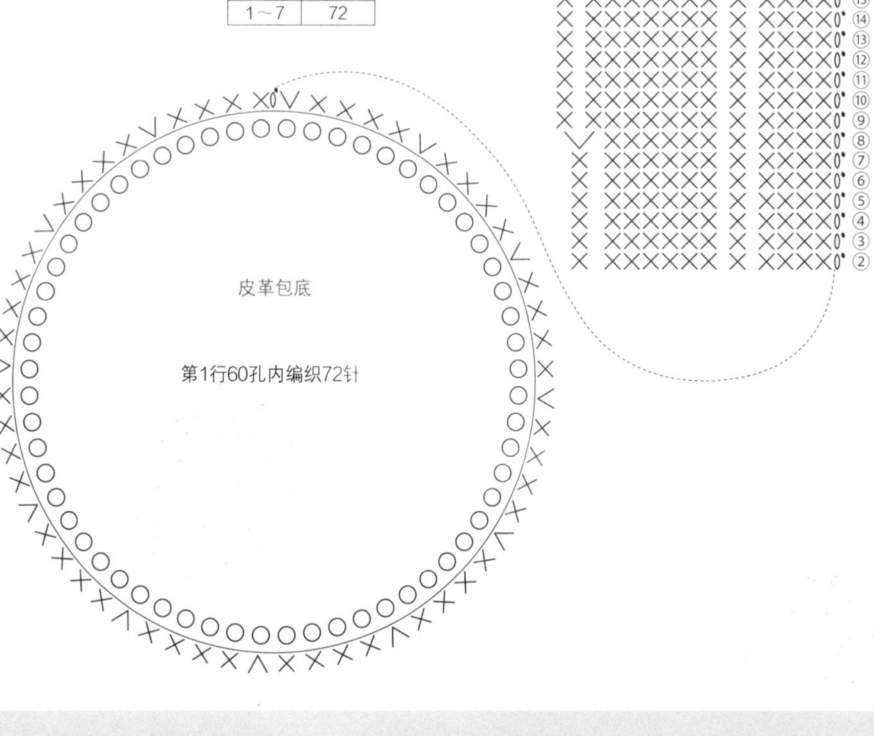

要点① 皮革包底的起针

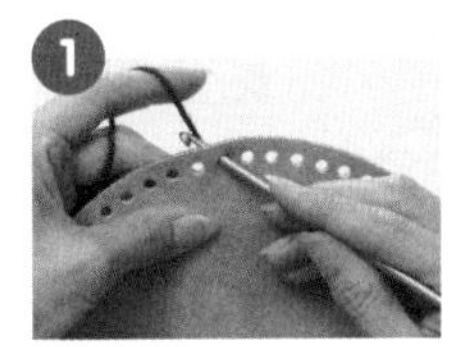

线放在包底后面，将钩针穿过孔洞，挂线后钩出。

拉线后的样子。如箭头所示挂线，编织锁针起立针。

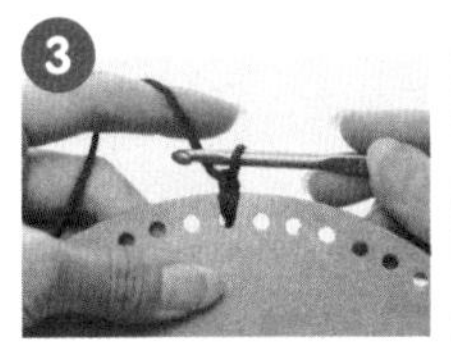

完成1针锁针起立针的样子。接着按照图解继续编织。

第5针为“短针加针”，在同一个孔内编织2针短针。

编织提手

编织到第29行第14针。

编织16针锁针。

空出前一行的16针短针，从第31针开始编织短针。

编织短针进行连接。

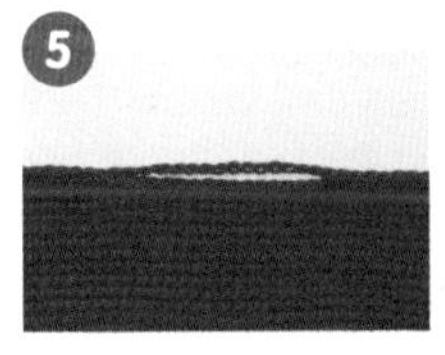

按照图解，继续编织短针。对侧提手也是同种方法。

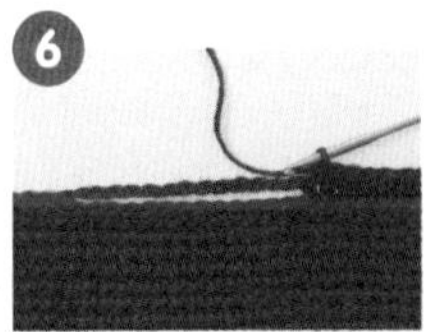

编织到第30行第14针。

挑前一整行，编织短针。

同样，总共编织16针。

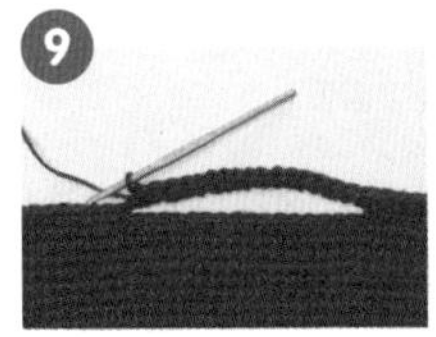

完成16针的样子。

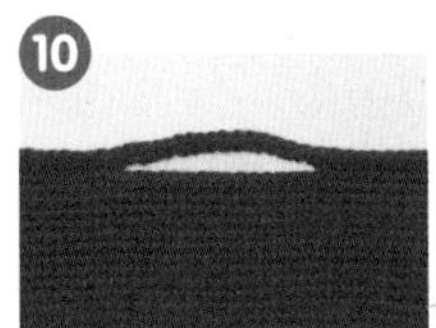

第31针以后，挑上一行编织短针。对侧提手也是同种方法。

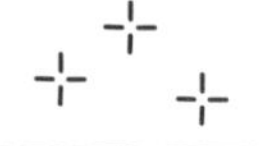

小物袋（a，b）

线材：（a）袋 AVRIL 棉cord（棉线）#181（鼠灰）22g 水果糖drop #182（冰灰）14g

抽绳 AVRIL 棉cord（棉线）#182（海军蓝）4g

（b）袋 AVRIL 棉cord（棉线）#01（白）22g 水果糖drop #181（奶油色）14g

抽绳 AVRIL 棉cord（棉线）#183（柠檬黄）4g

a b

用针：两根棒针 5 号　钩针 4/0 号

密度：正针编织　10cm×10cm 为 20 针 ×29 行

尺寸：宽 15cm× 长 18cm

编织方法：袋子用 1 股棉cord和 2 股水果糖drop捻合编织。

手指绕线起针，编织时在指定位置预留抽绳孔洞。

完成第 104 行后，在织片正面进行伏针收针，两侧侧边正边缝（请参考p186）。

编织罗纹抽绳，穿过预留的孔洞，两端打结。

要点① 捻合编织的方法

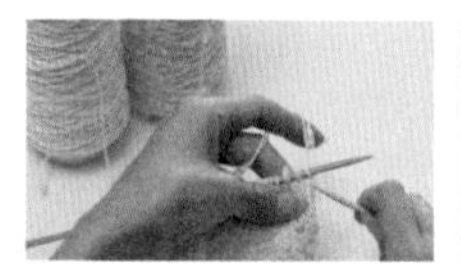

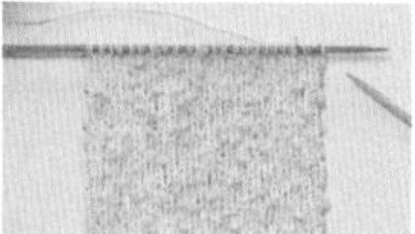

从线团中各抽取一股线端。

编织方法和单股编织相同。注意不要让毛线打结或漏挑其中一股。

要点② 左上2针并1针（人）和挂针（○）的编织方法

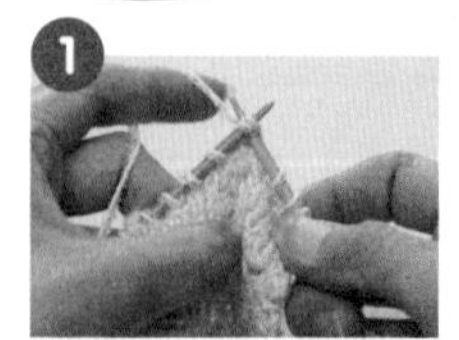

1 编织左上2针并1针。图为一次性在2针针目中入针的样子。

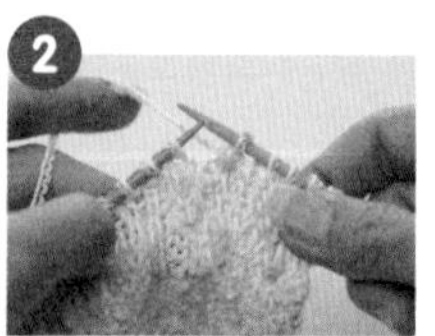

2 完成左上2针并1针的样子。

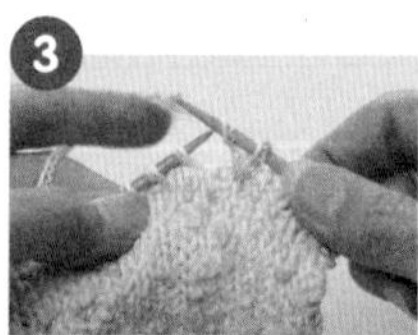

3 用右针挂线。

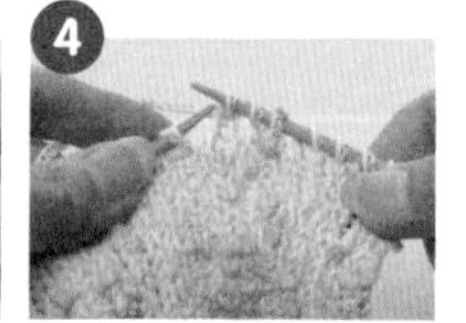

4 继续编织下一针，完成挂针。

5 编织了左上2针并1针和挂针的行（第7行、第99行）。挂针处开有孔洞。

6 图为往上编织1行的样子，这时更容易看出孔洞，抽绳从这里穿过。

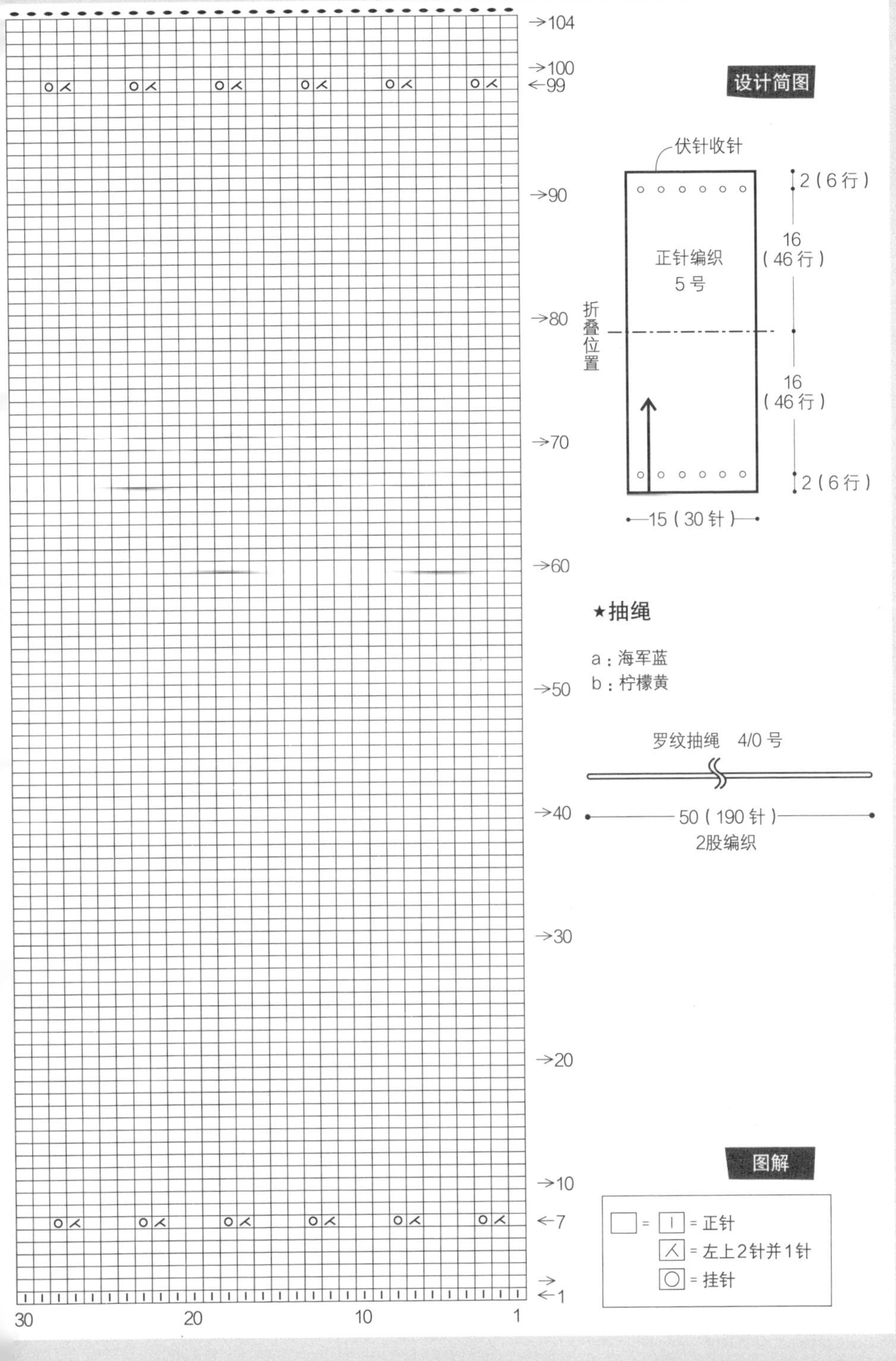
→104
→100
←99
→90
→80
→70
→60
→50
→40
→30
→20
→10
←7
→
←1
30
20
10
1
设计简图
伏针收针
2（6行）
16
（46行）
正针编织
5号
折叠位置
16
（46行）
2（6行）
15（30针）
★抽绳
a：海军蓝
b：柠檬黄
罗纹抽绳 4/0号
50（190针）
2股编织
图解
= 正针
= 左上2针并1针
= 挂针

小物袋

要点③

罗纹抽绳的编织方法

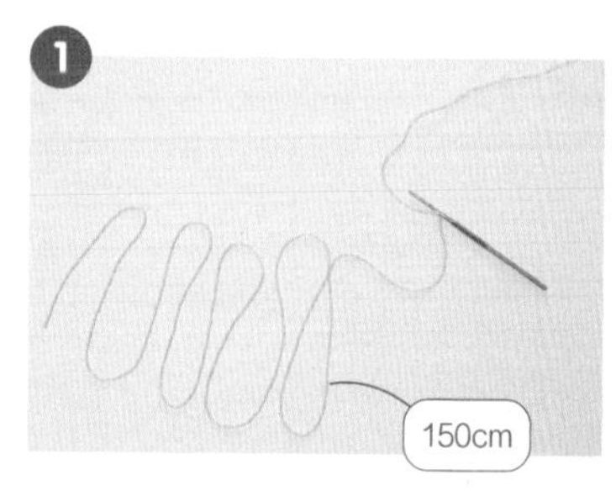

1 预留的毛线长度为抽绳长度的3倍，本教程为150cm，锁针起针。

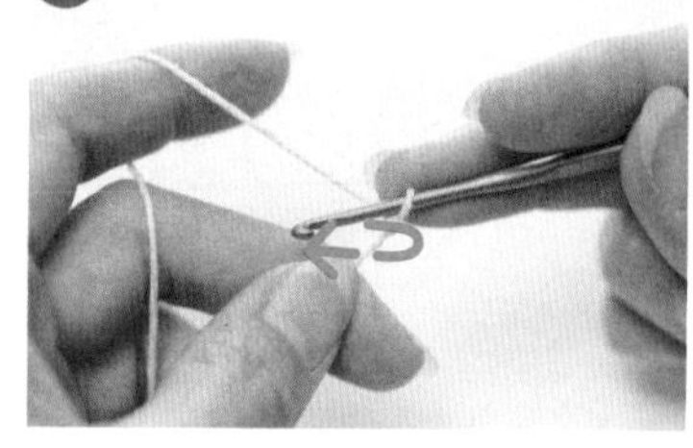

2 如箭头所示，用钩针从前往后挂线（预留毛线）。

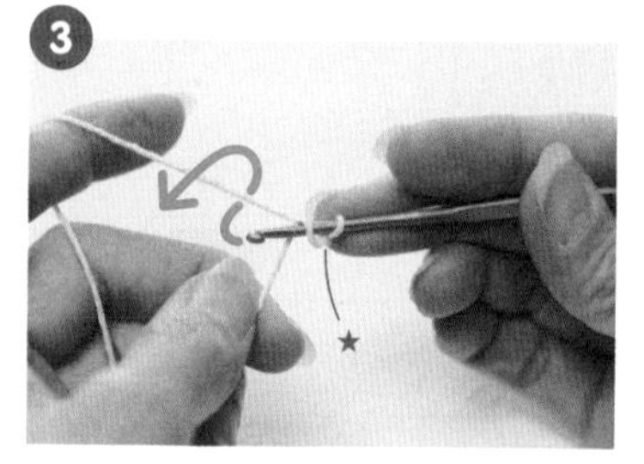

3 手指按住★位置，如箭头所示挂线。

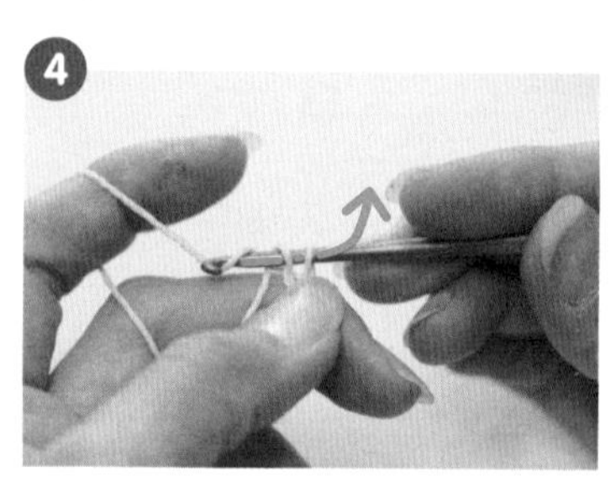

4 捏住，如箭头所示将线拉出。

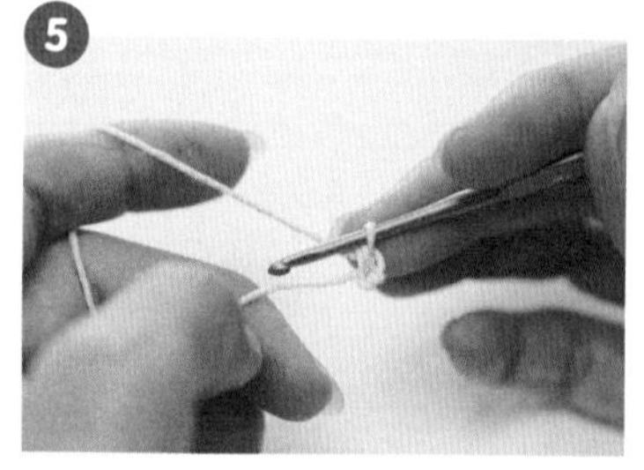

5 完成1针。

6 固定★，大拇指一侧的线（预留毛线）挂在针上，再如箭头所示挂线拉出。

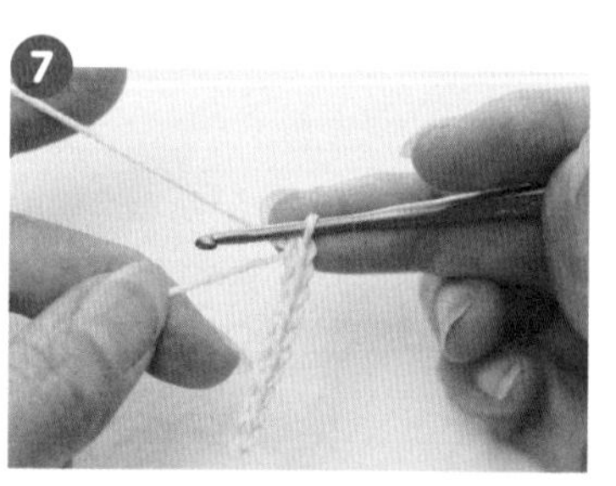

7 编织指定长度，完成后收针方法和其他织片相同。

袋子的抽绳都能织？编织真是博大精深……

可以根据自己喜好，换成细皮革线！

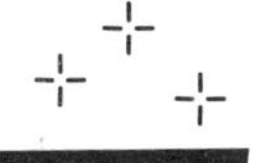

进阶制作指南

圈圈毛口金包

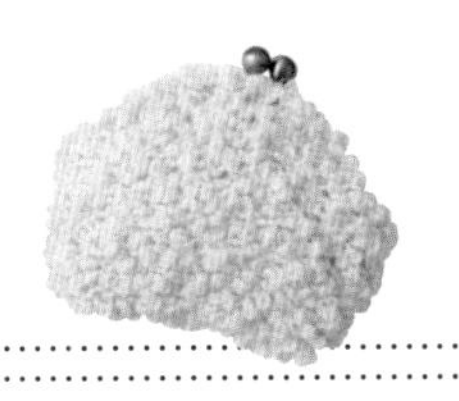

线材：HAMANAKA　SONOMONO 索罗羊驼圈圈毛　#51（白）　17g

其他材料：HAMANAKA 编织专用口金 9cm

（弧形・古铜色・H207-022-4）1 个

用针：两根棒针 12 号　钩针 10/0 号

密度：正针编织　10cm × 10cm 为 12 针 × 18 行

尺寸：宽 12cm × 长 10.5cm

编织方法：单股钩织。手指绕线起针。

反针编织 16 行，替换钩针，钩织连接口金配件。

再编织一片织片，同样连接口金。

两侧侧边正边缝，底部采用侧边卷边缝。

设计简图

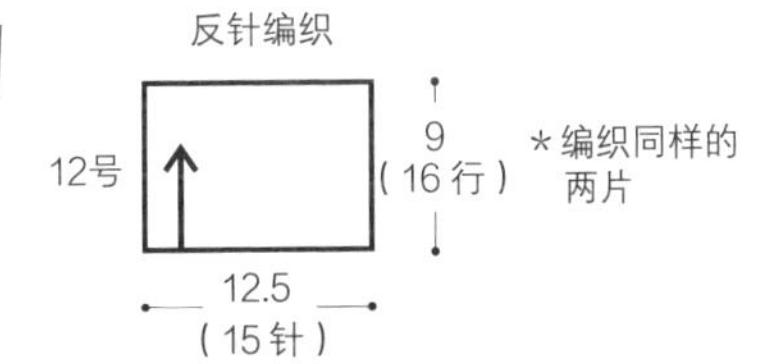

图解

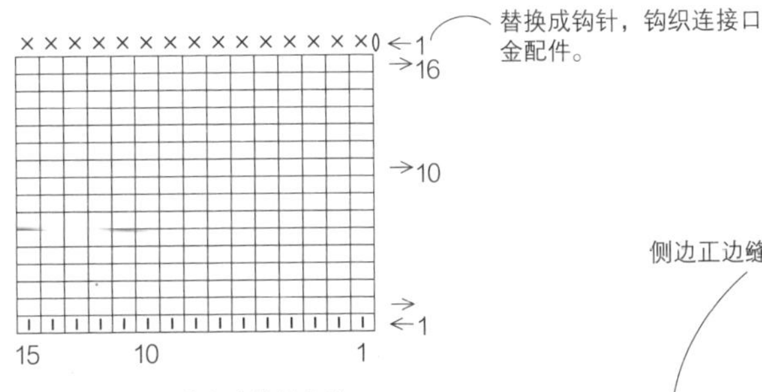

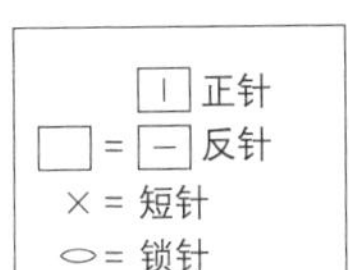

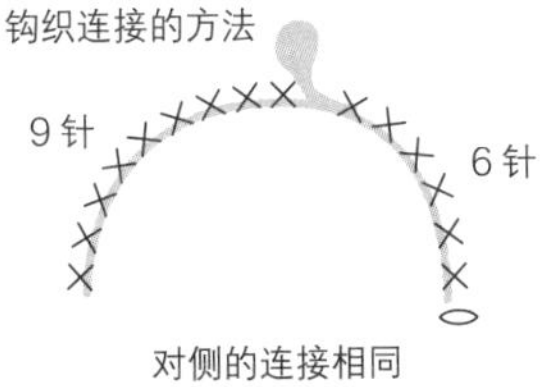

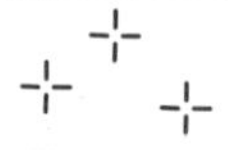

进阶制作指南

毛茸茸口金包

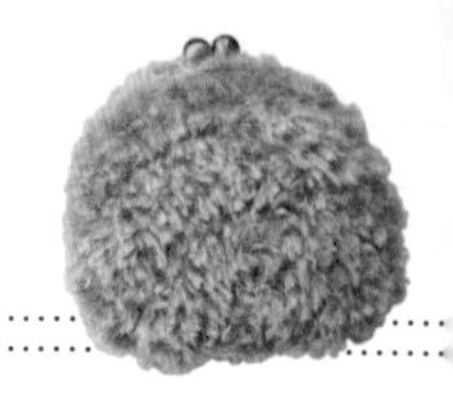

线材：atelier K’sK COCCOLA　#505（浅驼色）26g

其他材料：HAMANAKA 编织专用口金 9cm

（弧形・古铜色・H207-022-4）1 个

用针：两根棒针 12 号　钩针 10/0 号

密度：正针编织　10cm×10cm 为 12 针×15.5 行

尺寸：宽 12cm×长 11cm

编织方法：单股钩织。手指绕线起针。

反针编织 14 行，替换钩针，钩织连接口金配件。

再编织一片织片，同样连接口金。

两侧和底部采用侧边卷边缝。

设计简图

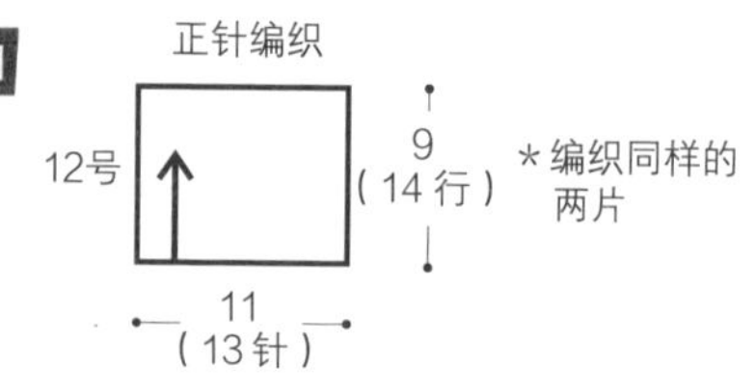

图解

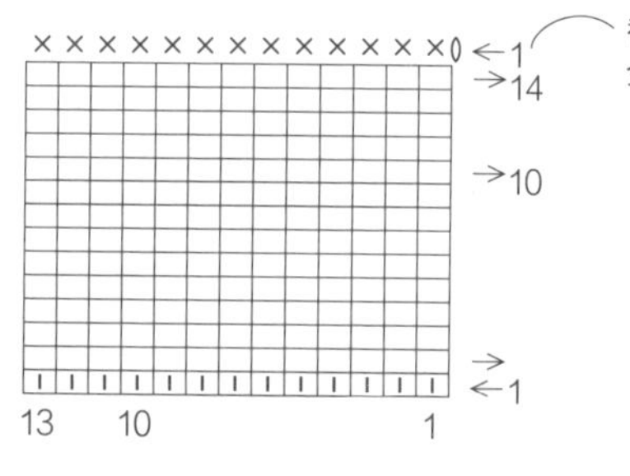

□ = □ = 正针
○ = 短针
× = 锁针

要点① 编织连接口金的方法※

※ 为了便于理解，此处使用异色线材讲解。
圈圈毛口金包采用反针编织，但口金的连接方法相同。

1

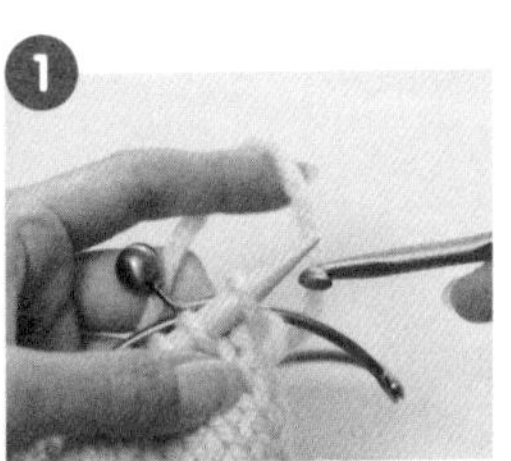

将线穿过口金的开口，如图持针持线。

2

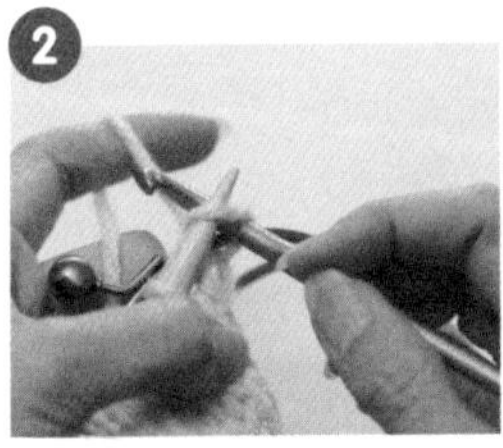

在棒针的第1针针目处，用钩针入针。

3

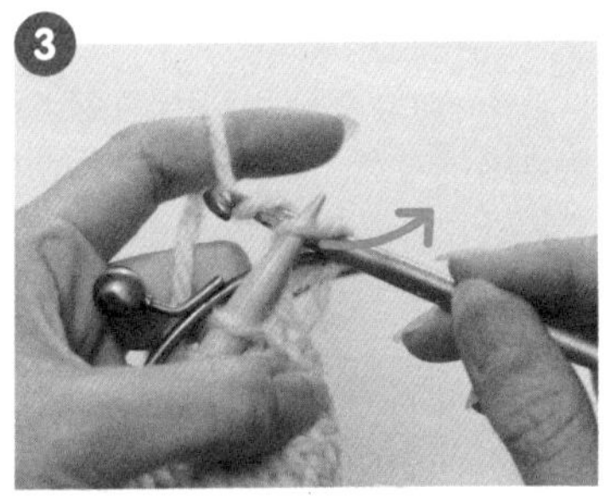

如箭头所示钩线拉出。

4

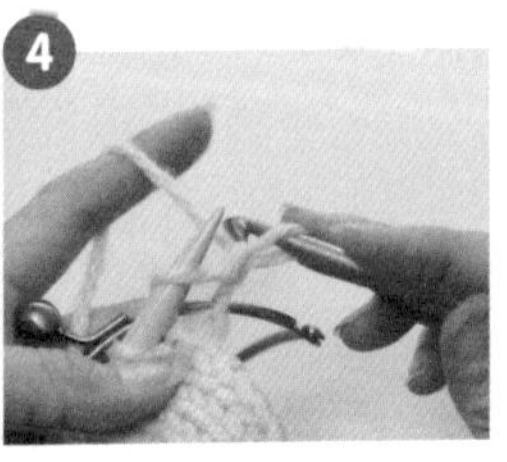

再完成1针锁针起立针，同时滑出棒针上的针目。

5

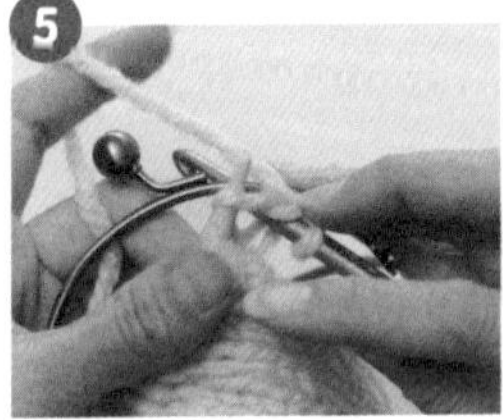

同样方法编织短针。

6

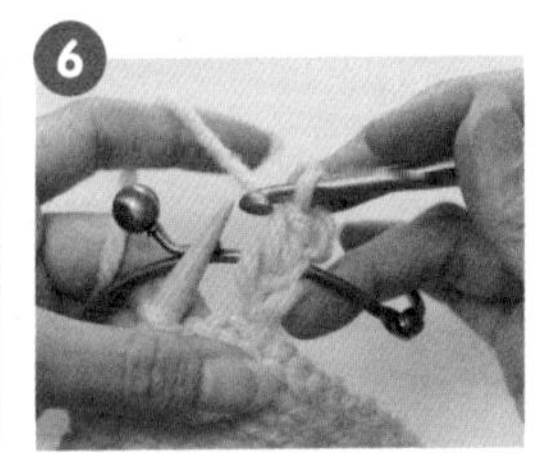

编织2针的样子。

7

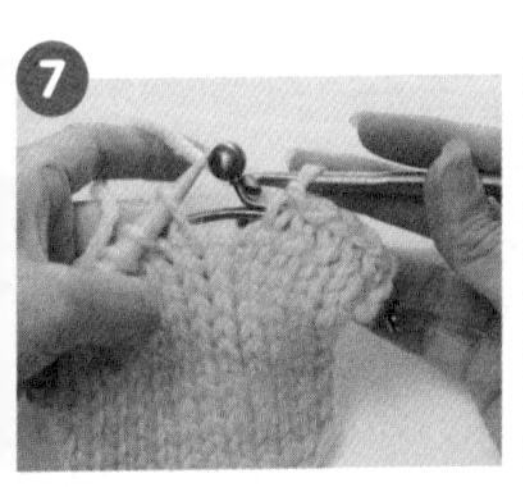

圈圈毛口金包编织6针，毛茸茸口金包编织5针，即可编织连接半边。

8

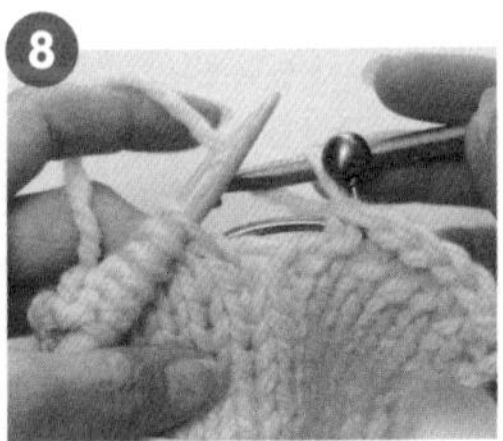

另一半编织方法相同。

9

一侧口金连接完成！另一侧编织方法相同。

侧边卷边缝

钝头针穿线，织片侧边对齐，挑边缘半针辫子针，进行卷边缝合。

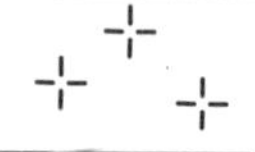

进阶制作指南

发带（a，b）

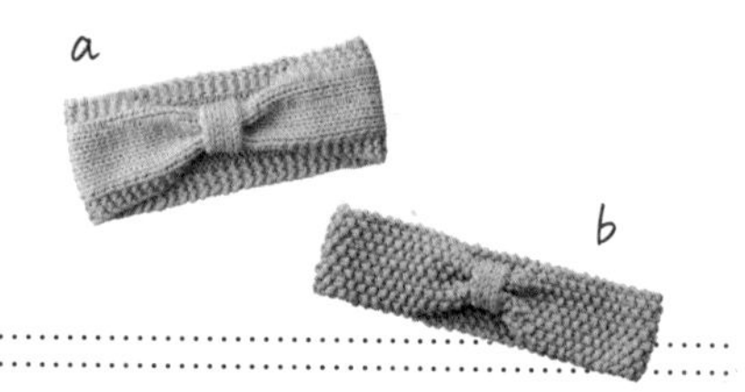

（a）线材：Atelier K'sK SESAMEE #336（浅驼色） 50g

用针：两根棒针 14 号

密度：正针编织（14 号） 10cm×10cm为 14 针×20 行

尺寸：头围 57cm×宽 10cm

（b）线材：Atelier K'sK SESAMEE #337（灰色） 25g

用针：两根棒针 12 号

密度：单桂花针（12 号） 10cm×10cm为 13 针×24 行

尺寸：头围 52cm×宽 7cm

编织方法：单股编织。

手指绕线起针，如图解所示编织。

编织最终行时伏针收针并与起始行卷边缝合。

编织蝴蝶结的系带，缝合固定。

发带 a

设计简图

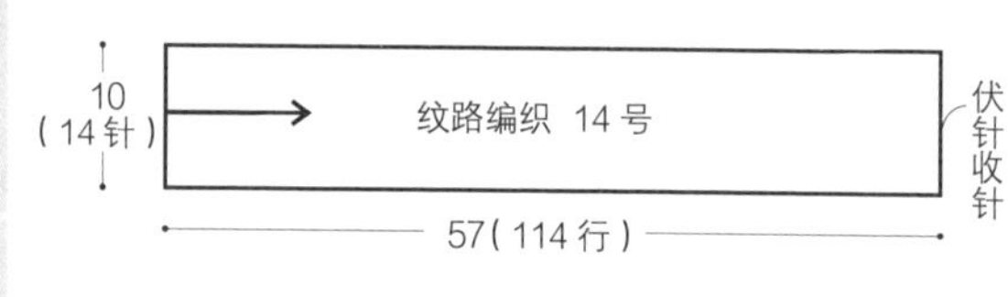

★蝴蝶结系带

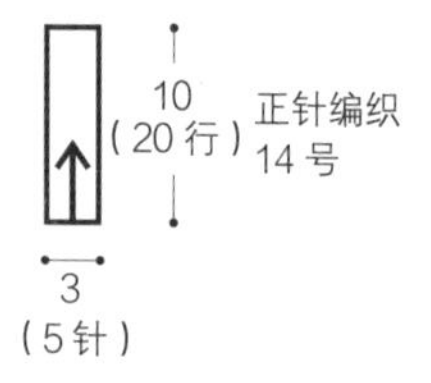

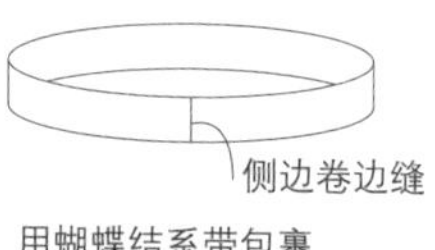

用蝴蝶结系带包裹
发带卷针连接处，
遮住线头。

图解

| = 正针
— = 反针

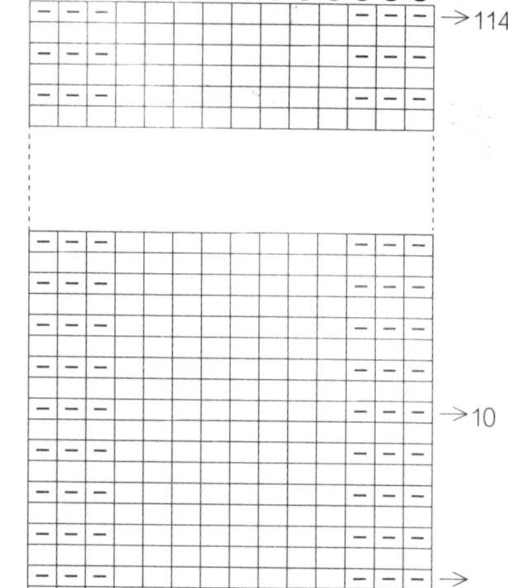

发带 b

图解

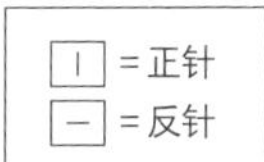

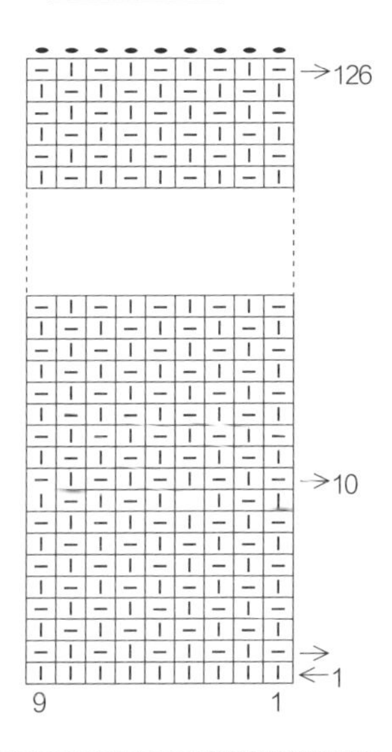

设计简图

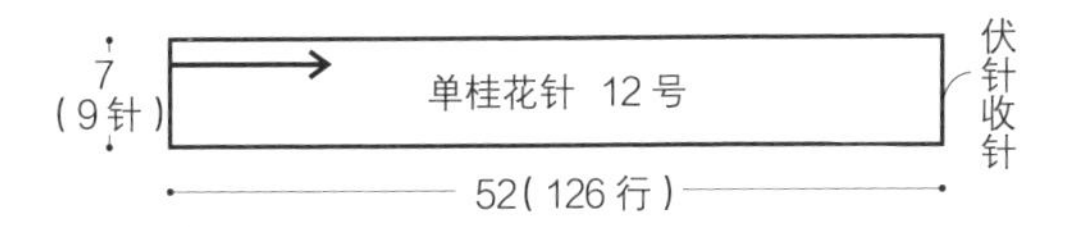

★蝴蝶结系带

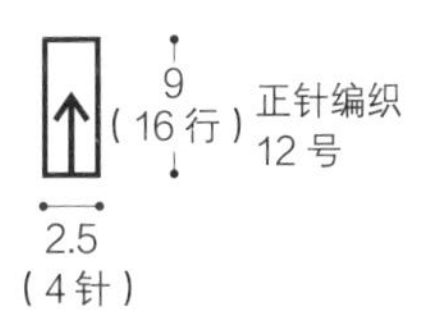

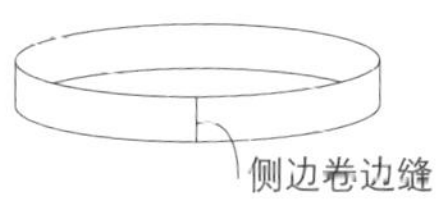

用蝴蝶结系带包裹发带卷针连接处，遮住线头。

要点　蝴蝶结系带的组合

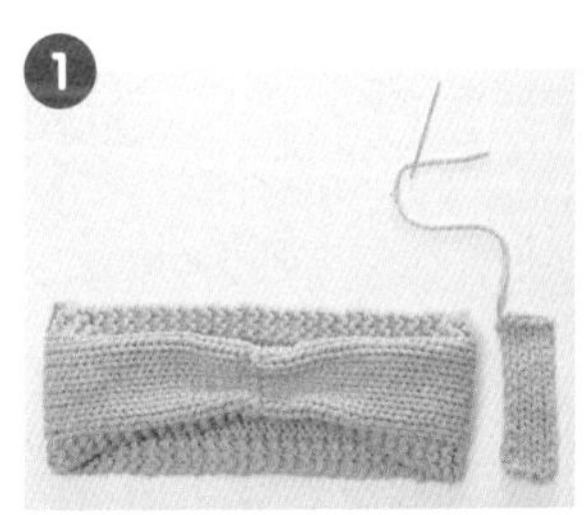

1 完成发带的编织，蝴蝶结系带最终行进行伏针收针，预留15cm线头剪断。

2 用蝴蝶结系带包裹发带卷针连接处，遮住线头。

3 缝合之后正常收针。

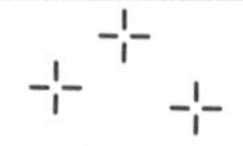

进阶制作指南

刺猬胸针

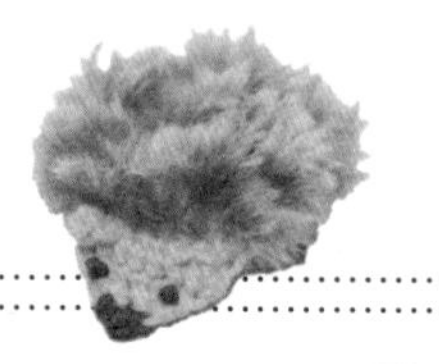

线材：Atelier K'sK COCCOLA #505（浅驼色） 3g

HAMANAKA Rich More Percent #3（珍珠橘色） 2g

#125（茶色） 1g

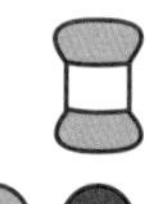

用针：两根棒针 12 号 钩针 5/0 号

尺寸：宽 6cm × 长 7cm

编织方法：背部为棒针编织。单股，手指绕线起针，按照图解所示编织。

第 2 行处，1 针针目里编织反针和正针，形成加针。

腹部采用钩针，单股环形起针，按照图解所示钩织。

运用条纹针法，让反面呈现条纹状。

耳朵（钩针）钩织在条纹针凸起位置。眼睛为刺绣。

设计简图

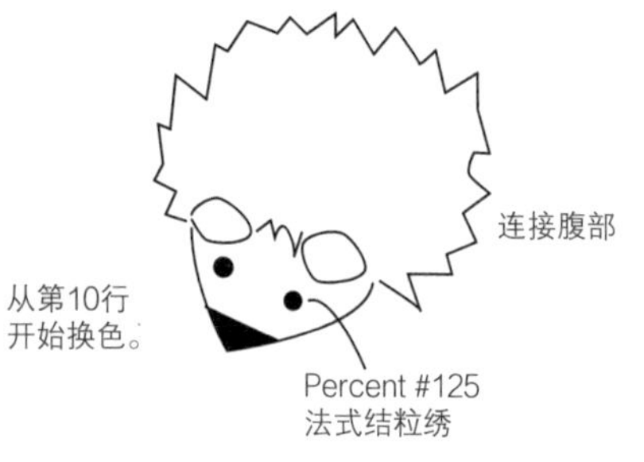

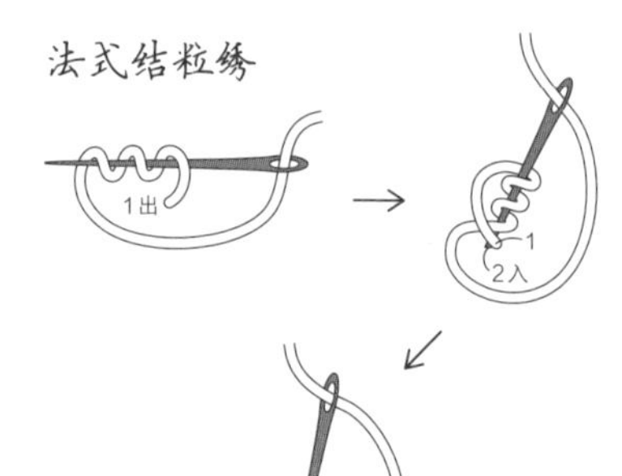

图解

★腹部

①～⑨ Percent #3
⑩ Percent #125

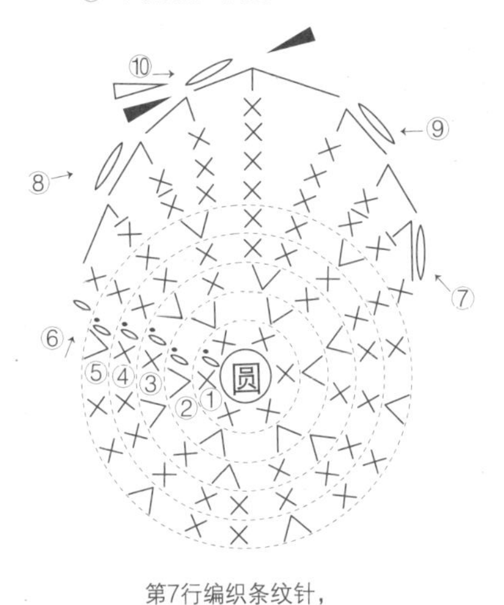

第7行编织条纹针，
条纹在反面。

★耳朵(左)

Percent #3

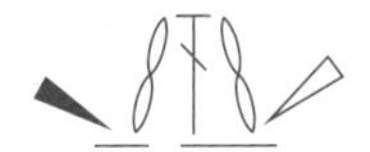

钩织在腹部第7行条纹凸起处，以鼻尖为基准，保证耳朵左右对称。

★背部

COCCOLA

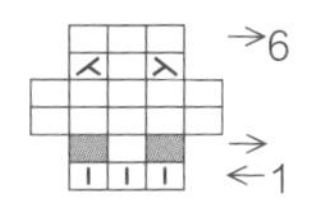

编织第6行时伏针收针。

○ = 锁针
× = 短针
× = 短针的条纹针
V = 短针加针
∧ = 短针减针（2针并1针）
⋀ = 3针短针并1针
ǂ = 长针
• = 引拔针
◀ = 剪断线头 ◁ = 接线
□ = 丨 = 正针
■ = 1针中加织反针和正针各1针
人 = 左上2针并1针
入 = 右上2针并1针

要点 耳朵的钩织※

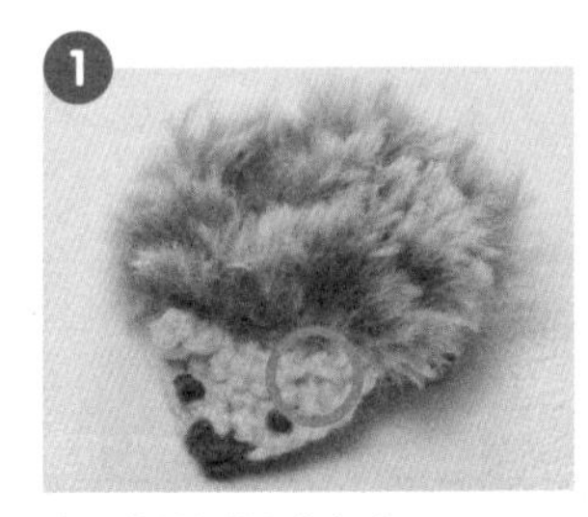

1 条纹针的条纹凸起部分。

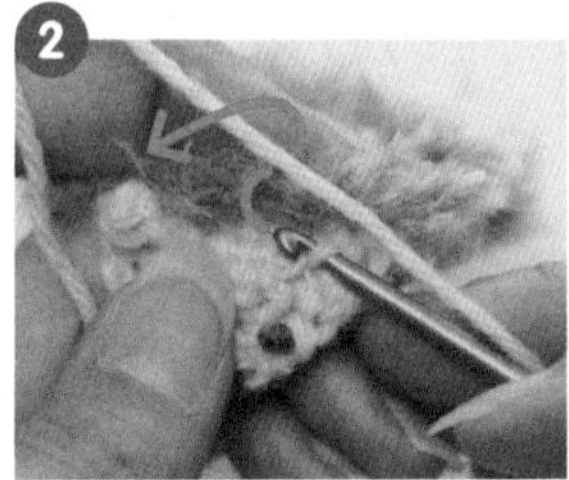

2 在条纹凸起处入针，如箭头所示挂线拉出。

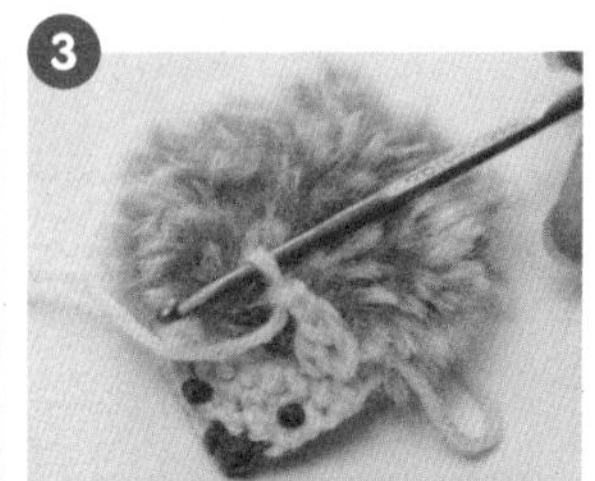

3 按照图解所示编织，在背面收针。

※照片中先绣制了眼睛。但最后再绣制眼睛，可以确保五官对称。

……说起来，
大家都是因为什么与编织结缘的呢？
热热 闹闹
小学的时候，托管班有个老奶奶教编织，
第一次用棒针织了围巾。
现在的动力当然是我的博客啦！
粉丝有两万啦！
超喜欢在分享作品后看大家评论！
好厉害！
……而且，
能有缘和大家相聚，也是托编织的福呀！
好，好害羞！
哎呀，真是不好意思！
嘿嘿

我之前也说过，
松垮
紧绷绷
市面上的版型……
是因为想要适合自己身形的衣服，所以开始玩编织。
啊，这样啊！
从小小一根毛线中，诞生出如此实用之物，着实有趣。
我醉心编织并逐渐沉迷。
嗯，好有哲思……
我是因为工作才开始接触的……
不过编织真的很有意思。
发生『突发事件』也可以马上停手。
"突发事件"
5分钟后
嘿嘿
哇——
飞高高！
停！停！
在忙碌的日子里，
匆匆忙忙
接孩子的时间快到了！
呀！
就算只织了一行，也会觉得是在『享受属于自己的时光』，
放松
不知不觉心情就会十分放松。
同感！
嗯嗯
落泪
落泪
……
啊，老师？

在现在这个成衣物美价廉的时代……
290元
190元
大家能从编织中找到乐趣并享受编织，我真的很感动！
老师……
哭泣
……我太开心了！
?!
老师是因为什么开始编织的呢？
我是从高三那年的秋天开始的……
因为小白经常发呆，我还以为你脑袋空空呢……
呆~
小、小白……
我真的那样发呆了吗？
气氛 紧张
又不能撇下大家自己玩，所以就开始玩编织了。
合格
嗯……
好特别的契机！
同学们都在高考冲刺，
而我早就拿到了保送名额。
太棒啦——
XX大学通知书
勤 学 苦 练
合格
太……棒啦……

后来我去专门的学校学习了编织，成了一名编织师（knitter），创办了教室，成了大家的老师……
编织教室
人生真是充满未知！
编织师？
是指为书籍和手工店进行创作型编织的人！
不管忙于带娃，还是烦恼缠身，醉心编织时，就能心无杂念。
嗯嗯
总而言之……
编织老少皆宜！
你一定要试试！
这个总结也太突然了！
她在对着谁说话？
豪迈
因为篇幅限制……
篇幅？
哈哈哈
祝大家拥有美好的编织生活！
完结

针目符号和针法

介绍本书涉及的主要针目符号。

↓ 钩针编织

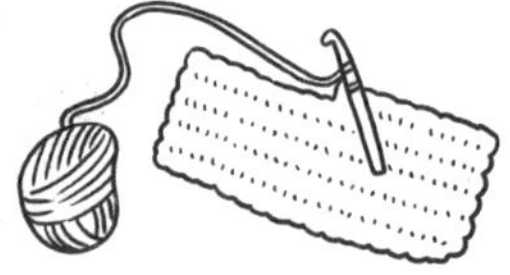
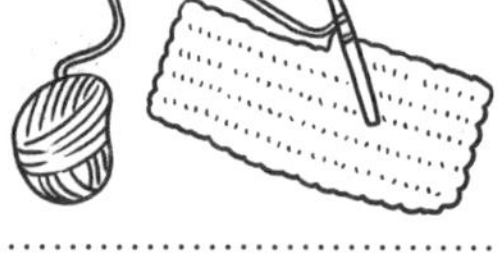

锁针 ○

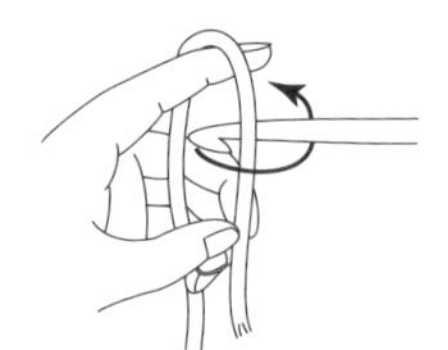
①扭转针尖，挂线。

②将线缠绕在针上。

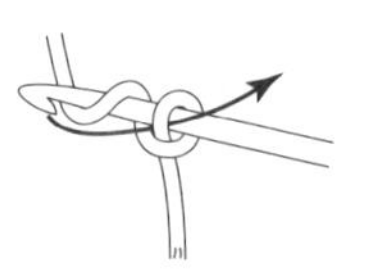
③钩针挂线钩出。

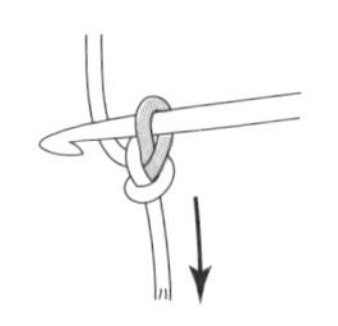
④拉紧线端(不计入针目数)。

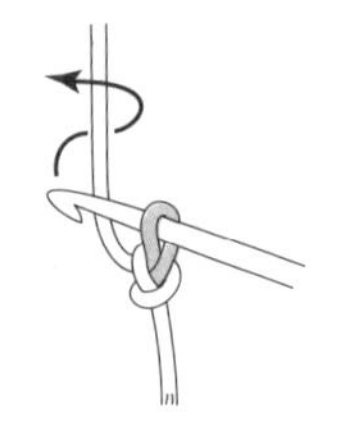
⑤如箭头所示，用钩针挂线。

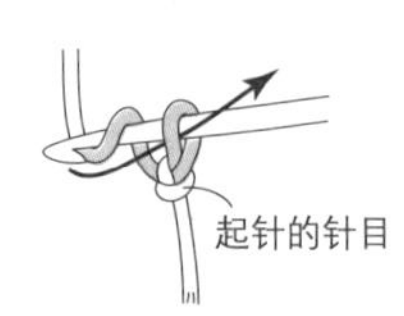

⑥将线钩出线圈。

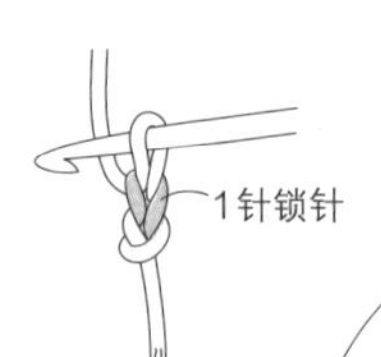

⑦完成1针锁针。

短针加针 V

在上一行的针目里编织2针短针。

短针 ×

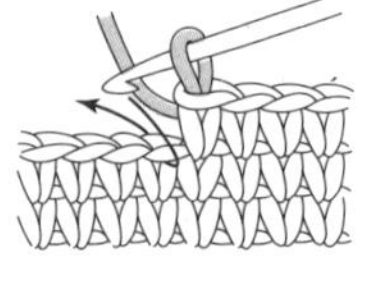
①在上一行的半针处入针。

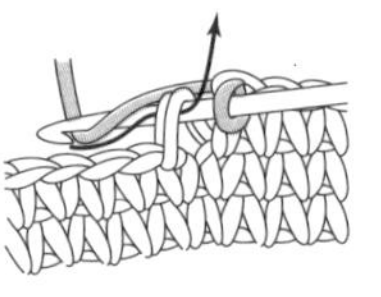
②挂线钩出。

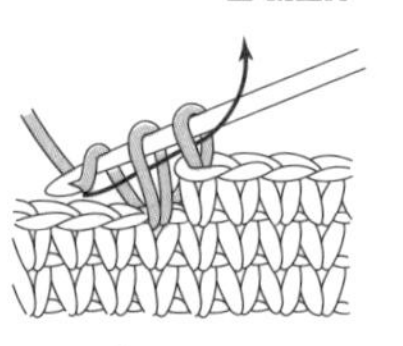
③再次挂线，一次性穿过两个线圈。

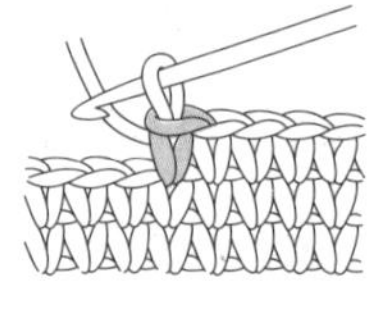
④完成短针。

短针的条纹针

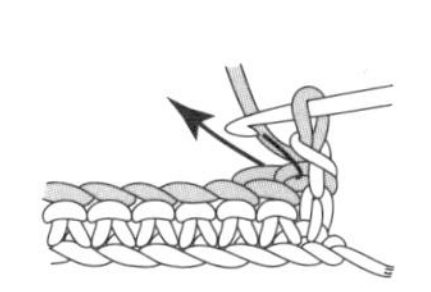

①在前一行的内半针处入针。

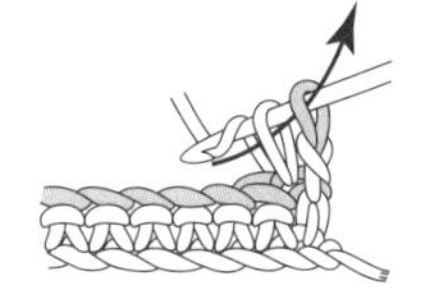

②挂线后钩出，编织短针。

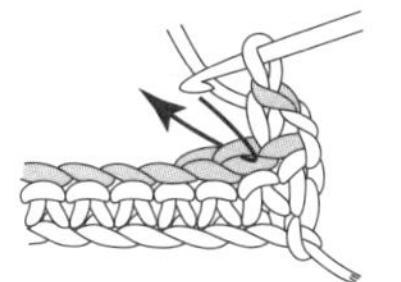

③同样在内半针处编织短针。

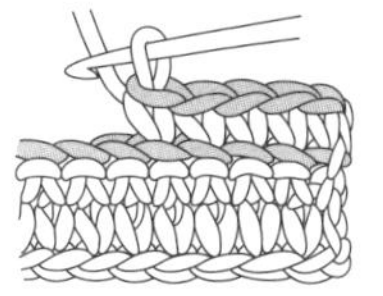

④第3行也同样在内半针处编织短针

长针

●上一行是正针的情况

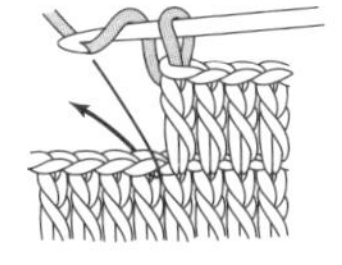

①钩针挂线，在前一行的半针处入针。

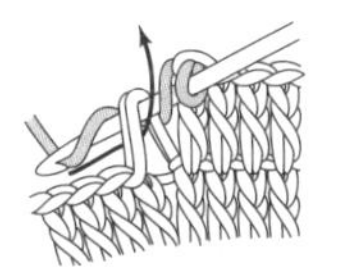

②挂线钩出。

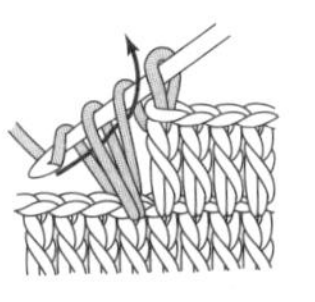

③再次挂线，将线钩出2个线圈。

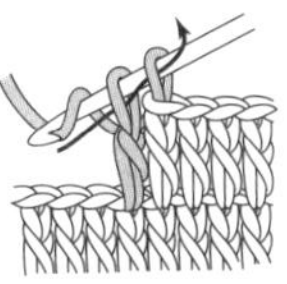

④再次挂线，将线钩出2个线圈，完成钩织。

●中长针

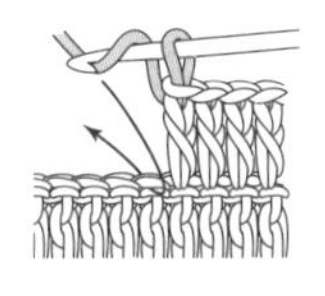

①钩针挂线，在前一行的半针处入针。

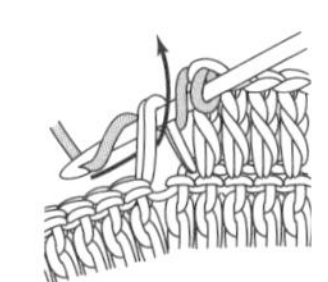

②挂线钩出。

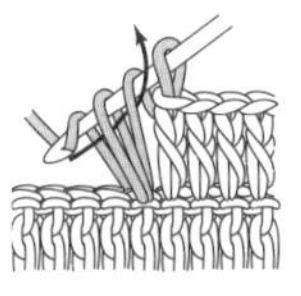

③再次挂线，将线钩出2个线圈。

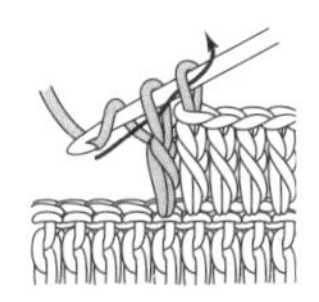

④再次挂线，将线钩出2个线圈，完成钩织。

中长针

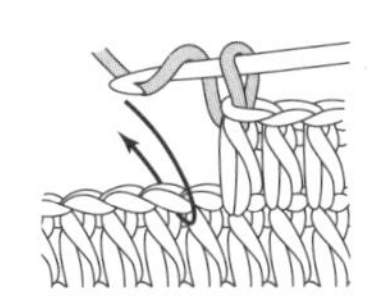

①钩针挂线，在前一行的半针处入针。

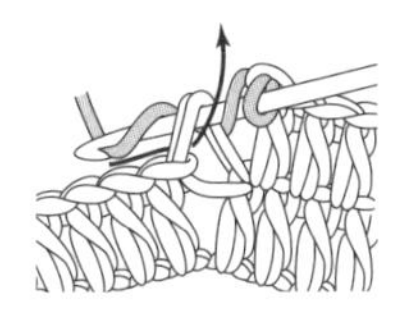

②挂线钩出。

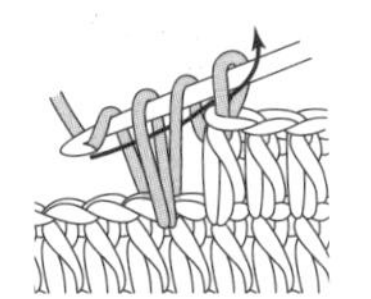

③再次挂线，将线一次性钩出3个线圈。

环形起针

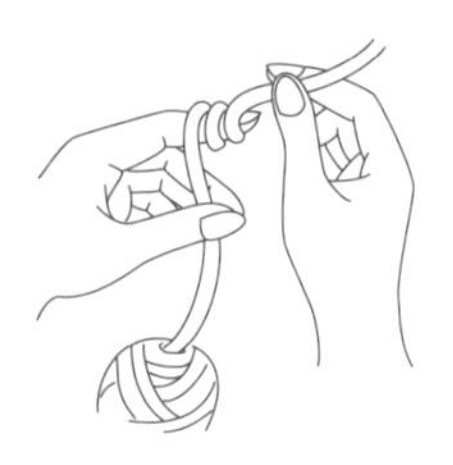

①在手指上绕线两圈。

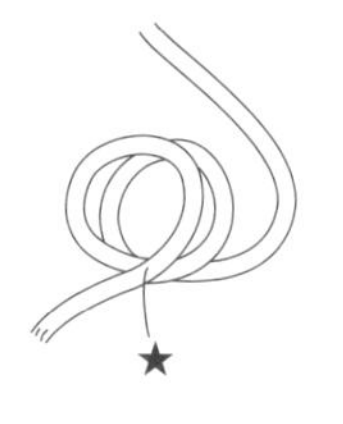

②抽出手指，用左手中指和大拇指压住★。

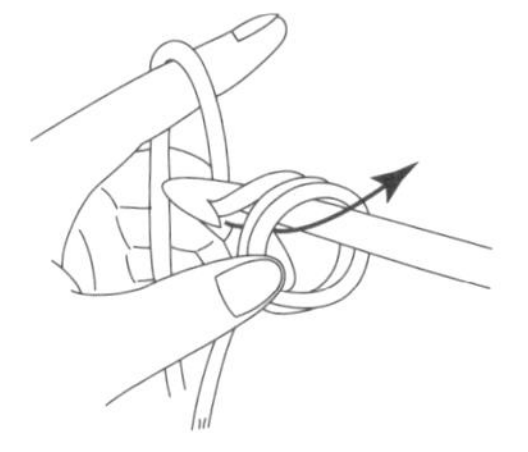

③在线圈中入针，挂线拉出。

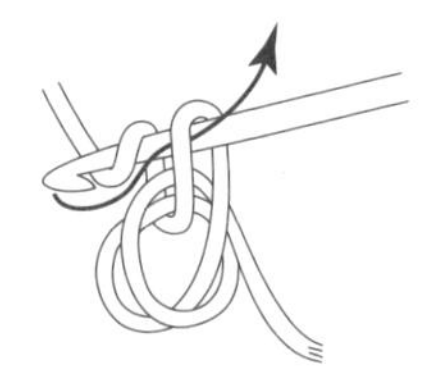

④再次用钩针挂线拉出。

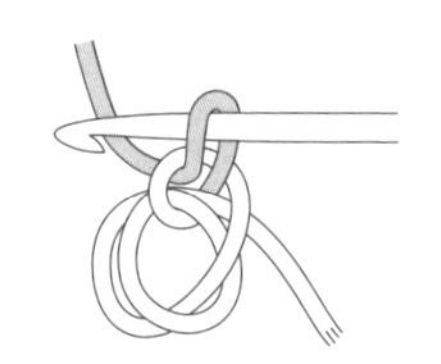

⑤完成1针起立针。

●从环形起针到锁针（第1行为6针时）

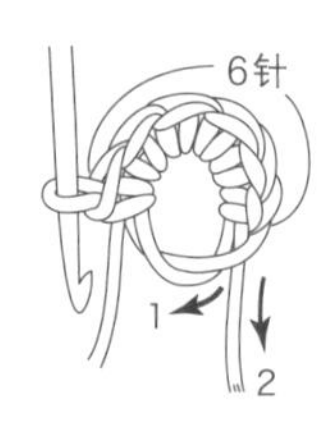

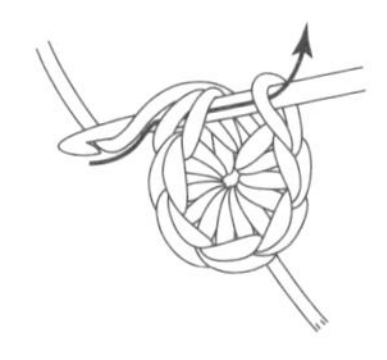

在上一行孔洞入针

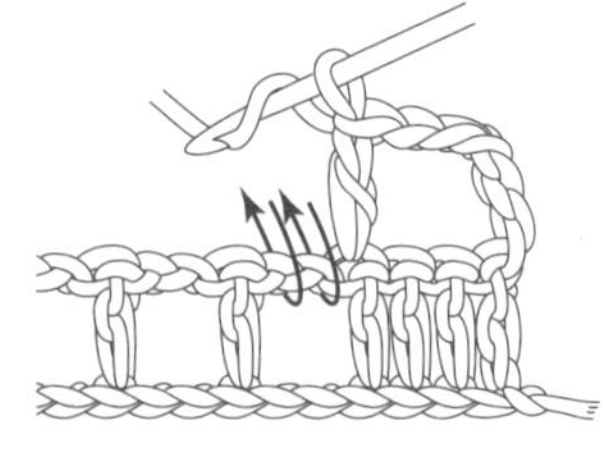

引拔针

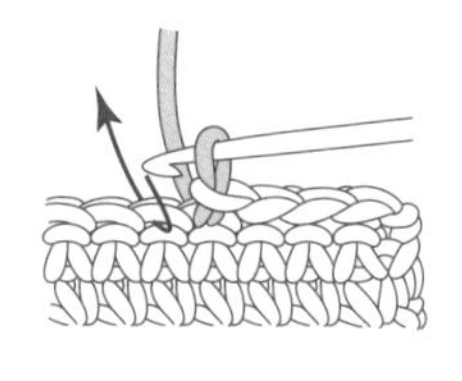

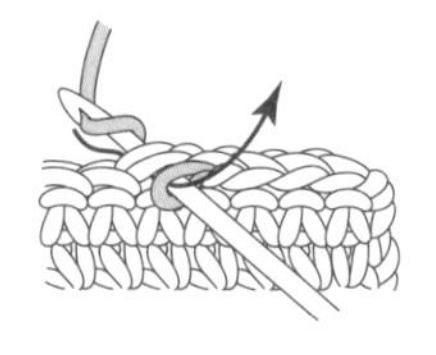

↓ 棒针编织

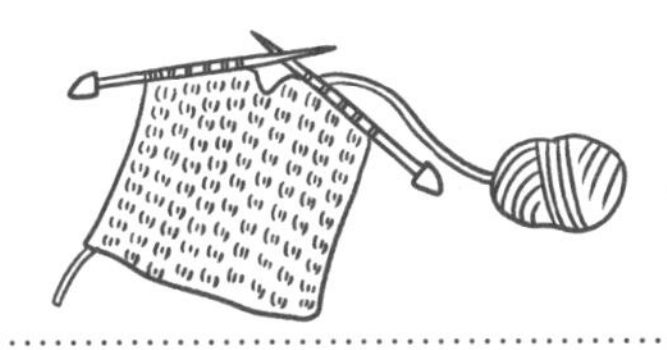

手指绕线起针

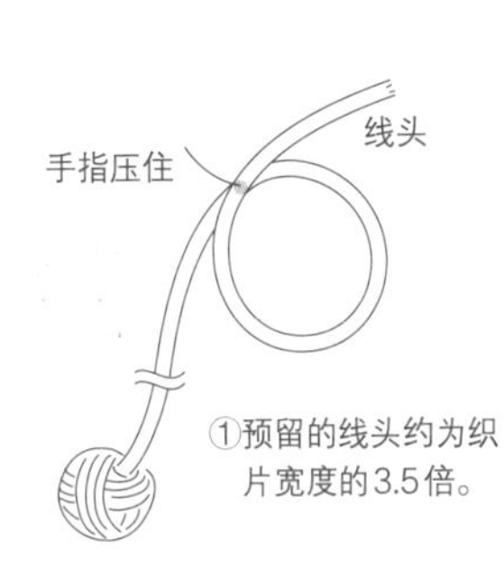

①预留的线头约为织片宽度的3.5倍。

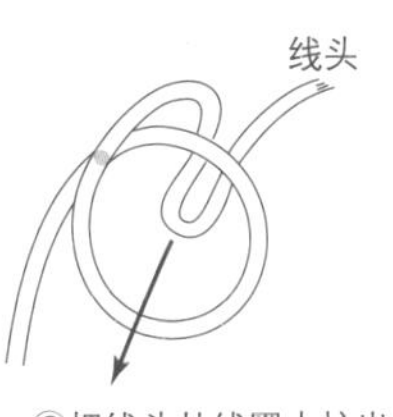

②把线头从线圈中拉出。

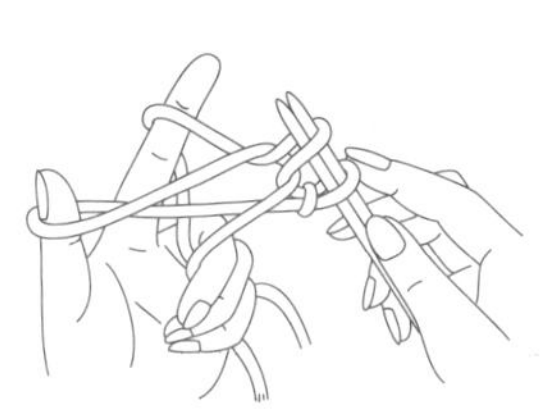

③在线圈中插入两根针，向下拉线，收紧线圈。

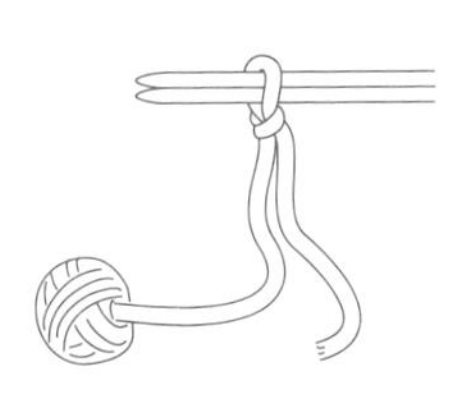

④完成第1针。线头挂在拇指上，连接线团的线端则挂在食指上。

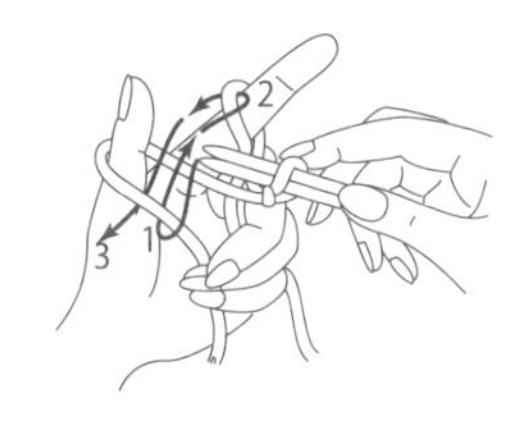

⑤如箭头所示转动针尖，在棒针上挂线。

⑥松开拇指上的线。

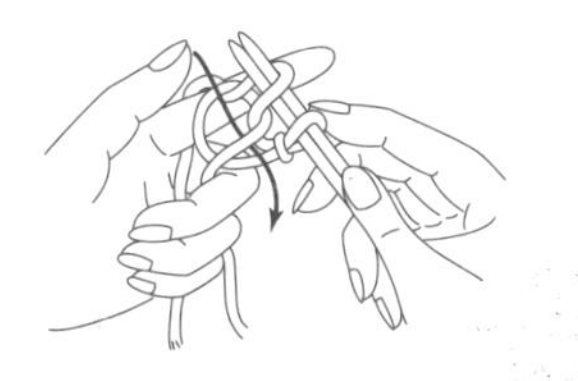

⑦如箭头所示，插入拇指。

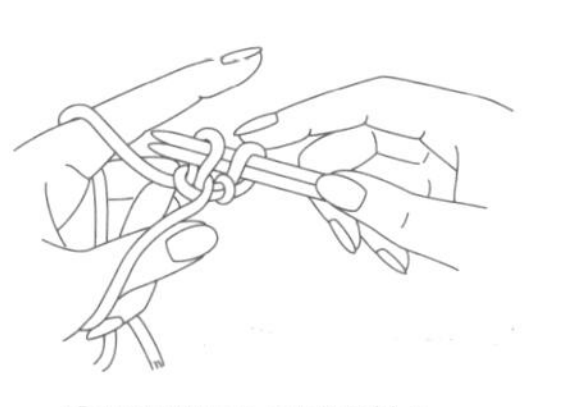

⑧拉紧线圈（完成2针）。

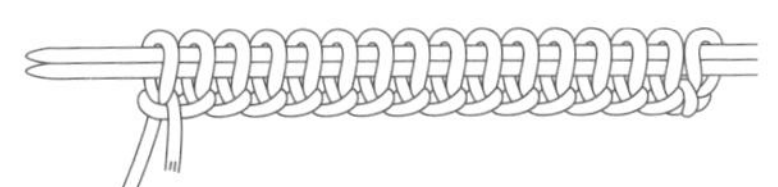

⑨完成需要的针数，即完成起针。此为第1行。

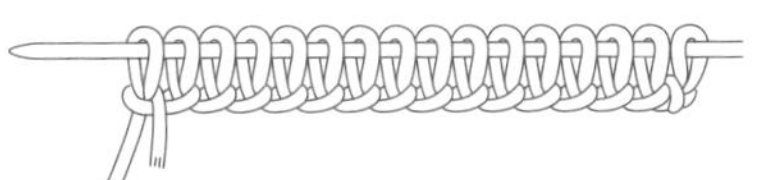

⑨抽出一根棒针，编织第2行。

正针（平针、下针）

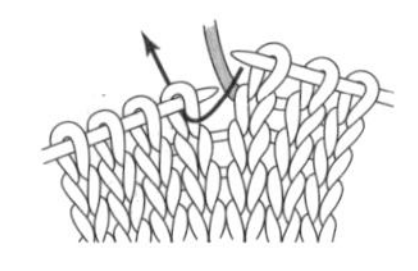

①如箭头所示，将右针插入左针针目。

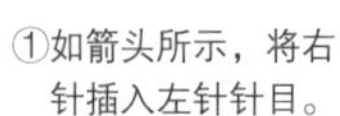

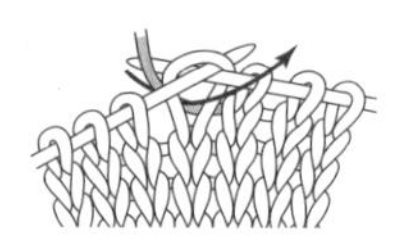

②用右针挂线，往前挑出，穿过线圈。

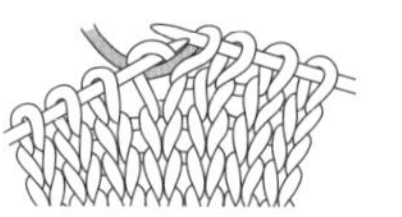

③完成正针。

反针（上针）

①把线放在织片前，右针如箭头所示入针。

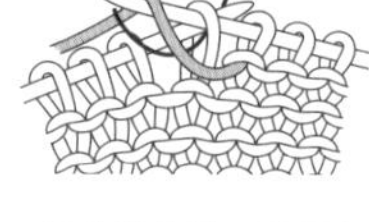

②右针挂线，往后穿过左针线圈拉出。

③完成反针。

扭针（扭加针、卷针）

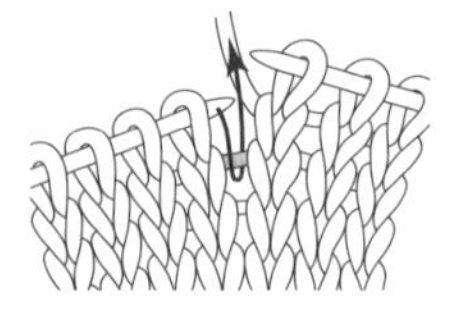

①找到上一行中2针针目中间横向的线，用左针挑起。

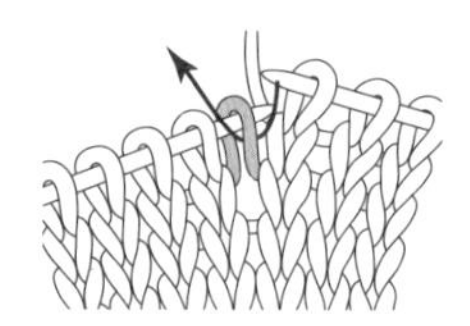

②右针插入挑起的线圈，编织正针。

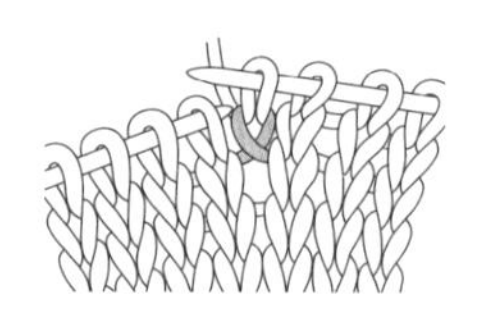

③编织完下一行的样子。

挂针（空加针、镂空针）

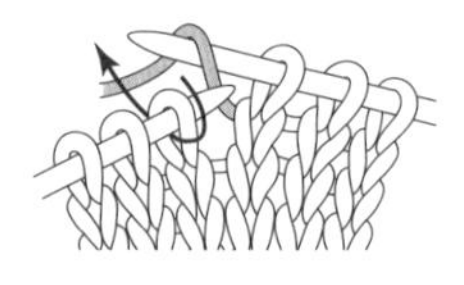

①右针从前往后挑线，编织下一针针目。

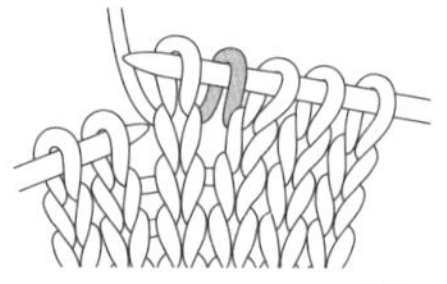

②完成挂针。

侧边正边缝

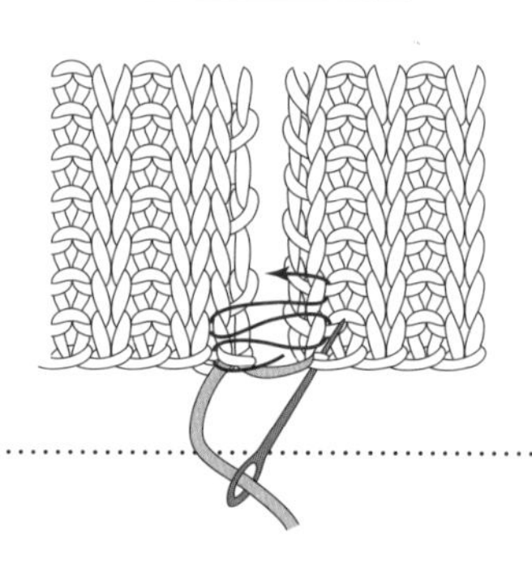

右上2针交叉

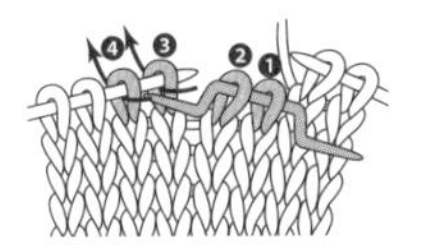

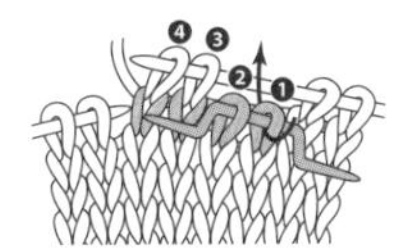

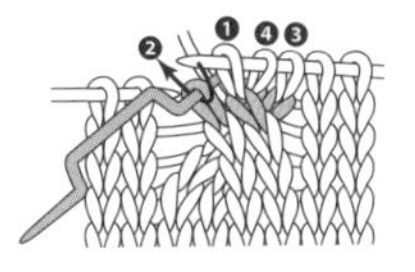

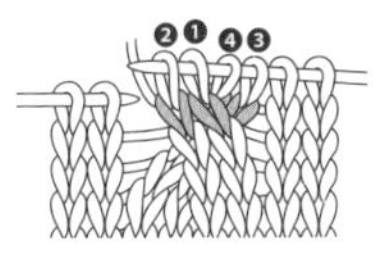

①将左针右侧的❶、❷两针转移到弓形针上，放在织片前。

② 正针针法编织❸、❹两针。

③在弓形针上的❶、❷按顺序编织正针。

④完成右上2针交叉。

左上2针交叉

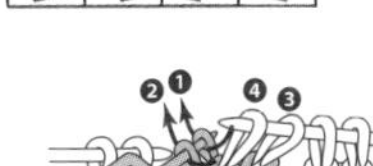

①将左针右侧的❶、❷两针转移到弓形针上，放在织片后。❸、❹两针编织正针。

②在弓形针上的❶、❷按顺序编织正针。

③完成左上2针交叉。

右上3针交叉

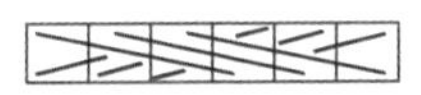

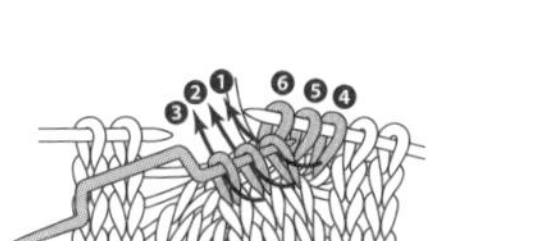

①将左针右侧的❶、❷、❸三针转移到弓形针上，放在织片前。❹、❺、❻三针编织正针。

②在弓形针上的❶、❷、❸按顺序编织正针。

③完成右上3针交叉。

左上3针交叉

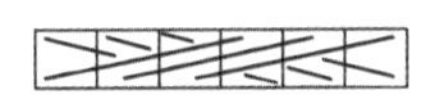

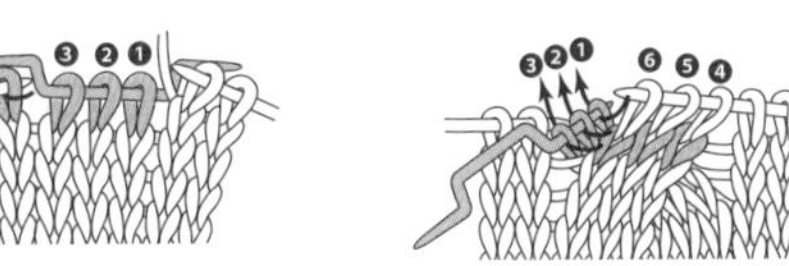

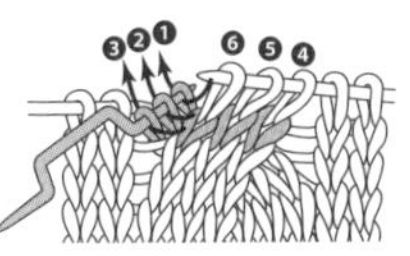

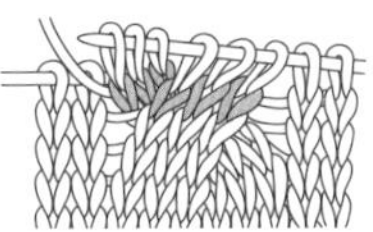

①将左针右侧的❶、❷、❸三针转移到弓形针上，放在织片后。❹、❺、❻三针编织正针。

②在弓形针上的❶、❷、❸按顺序编织正针。

③完成左上3针交叉。

右上2针并1针

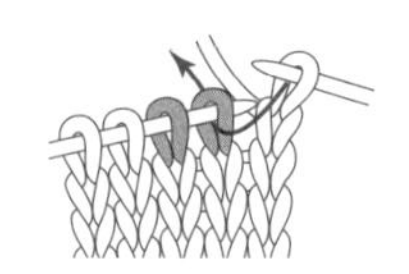

①按照正针针法，从前插入第1针针目，移到右针上。

②第2针编织正针。

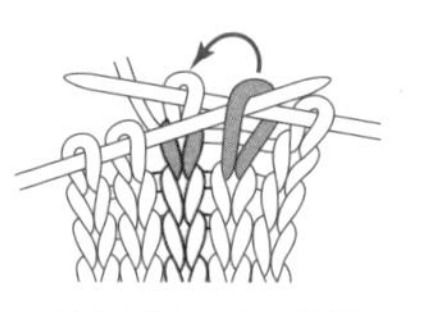

③左针插入第1针针目，盖在第2针上。

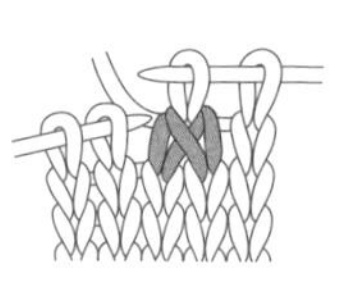

④完成右上2针并1针。

左上2针并1针

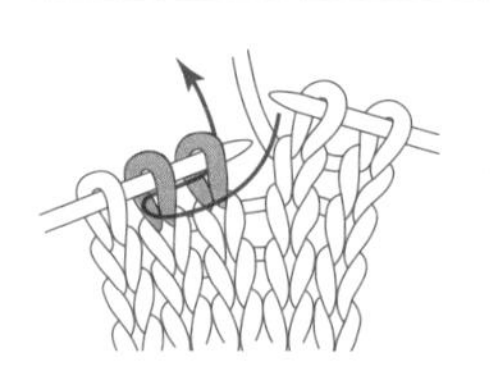

①2针编织正针，将第1针套在第2针上，同时滑出右针。

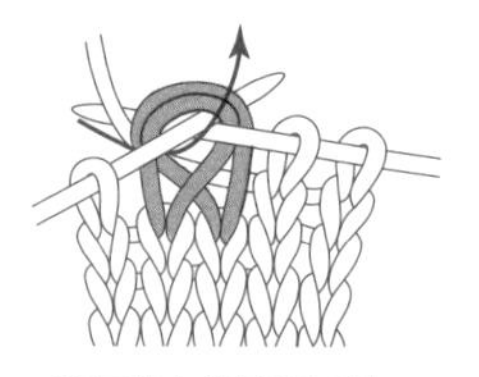

②两针合并编织正针。

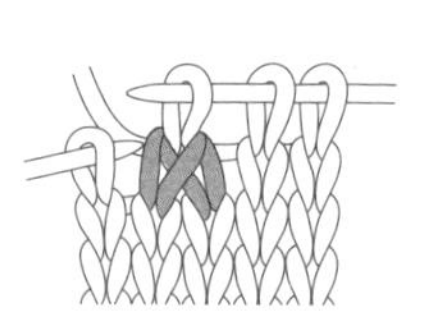

③完成左上2针并1针。

伏针收针（平针收针）

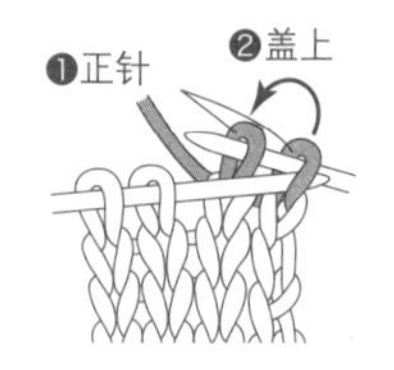

①按照正针针法，如箭头所示，右针一次性穿过2针针目。

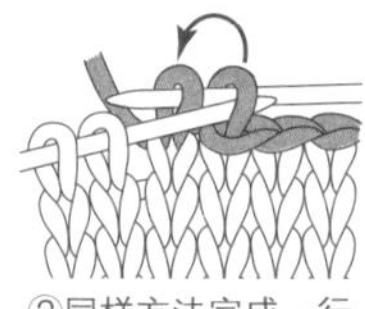

②同样方法完成一行。

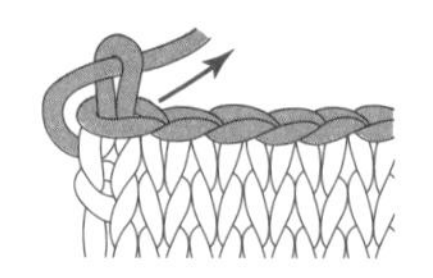

③线头穿过最后1针针目，拉紧收针。

伏针缝合

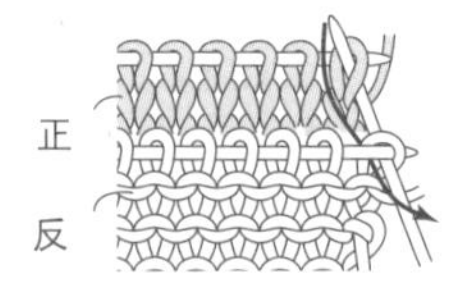

①棒针插入前后两片织片的针目，将后片针目挑出穿过前面的线圈。

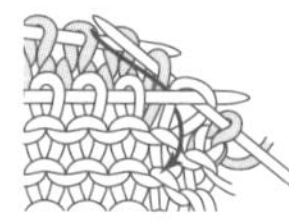

②同样挑出1针。

③完成一行后，织片上只剩下一根棒针。

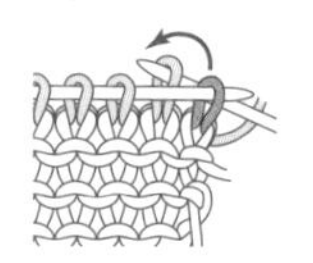

④回到右端，编织完边上2针后，将右侧针目盖在左侧针目上，完成伏针收针。

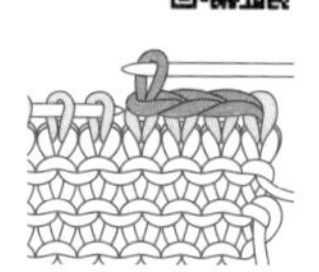

⑤编织完之后将右侧针目盖在左侧针目上，重复这一动作。

材料赞助

工具

clover可乐
制造、销售手工用具，涵盖从编织到缝纫等手工领域。
编织爱好者认可度较高的有棒针“匠”、钩针“pen-E”和“Amure”。
Instagram:info_clover
Twitter:@info_clover
官方网站:https://clover.co.jp
TEL:06-6978-2277(客服)

线材

HAMANAKA
1940年创立，日本知名品牌，制造和销售手工制品。
商品品类丰富，有针对春夏秋冬的线材，还有婴幼儿专用线以及文具文创类线材，特色十足。
Instagram:hamanakaamuuse
Twitter:@AMUUSE_JP
官方网站:http://hamanaka.jp
TEL:075-463-5151(代)

Puppy芭贝
不仅销售原创线材，还从世界各国汲取各种风格的线材。
在流行色方面有独特见解，色彩鲜艳。商品开发方面重视SDGs（可持续发展目标），力求环保。
Instagram:puppyarn_official
Twitter:@puppyarn
官方网站:http://www.puppyarn.com
TEL:03-3257-7135

DARUMA横田
线材多为极简的现代风格，不管是经典的美利奴羊毛线，还是本书教程中使用的彩点毛线，都独具匠心，充满个性。
Instagram:yokota_co_ltd
Twitter:@yokota_daruma
官方网站:http://www.daruma-ito.co.jp/
TEL:06-6251-2183(横田株式会社)

AVRIL
很多线材上都有小毛球或圈圈毛。
材料包也种类多样，适合编织新手。
Instagram:avril_kyoto
Twitter:@AvrilKyoto
官方网站:www.avril-kyoto.com
TEL:075-724-3550(株式会社AVRIL)

Atelier K'sK
产品给人以高雅之感，原创线材、材料包品类丰富。推荐给喜欢成熟风格的编织者。
Instagram:atelierksk
Twitter:@atelierksk
官方网站:https://atelier-ksk.net
TEL:078-599-9782

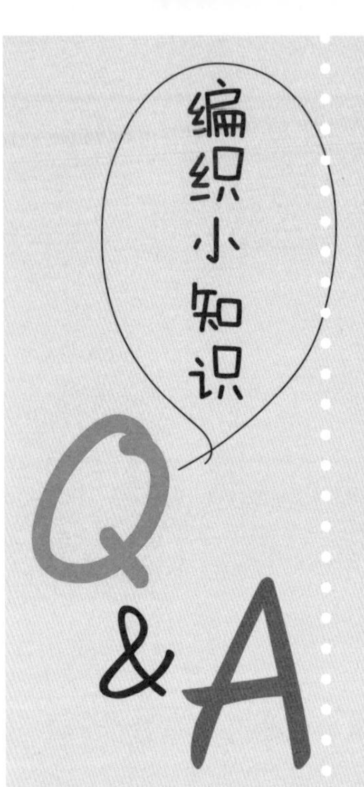

Q 感觉棒针的持针手法和妈妈教的不一样。

A 区别可能在于『法式持针』和『美式持针』。

本书介绍的是『法式持针』，即左手食指挂线编织。此外还有『美式持针』，即在右针上一针一针分次挂线。

有人觉得法式持针能减轻手和手腕的负担，编织效率也较高，但也有人认为美式持针织片更整齐（当然，有时候针目可能会过于紧密）。你可以选择自己觉得顺手的方法。

美式持针

右针插入左针针目，右手在右针上挂线后，再重新拿针挑线。

法式持针

左手食指挂线，右针插入左针针目后，用右针挂线挑线。熟练之后能够快速编织。

不仅仅是这两种持针方法，也许还有家人代代相传的编织方法。如果想要坚持编织的话，建议学习正确的方法。

Q 这可怎么办呢……

A 跳线了？挑回去就好了。

不用拆解也能补救！首先用钩针挑起跳线的针目，找到上方一条横向的线，用钩针挑起，再挑更上方的横线……如此一直钩织到正在编织的行，让针目回到棒针即可。

图为正针的修复法，反针的挑线方法与此相反。

Q 针目变多了……

A 看看是不是线劈开了？

新手常犯一个错误，就是编织时没注意到线劈了。毛线劈叉后，可能会被误计为针目，导致针数增加或针目不齐。

入针时，线圈的毛线劈叉了。

挑线时毛线劈叉了。

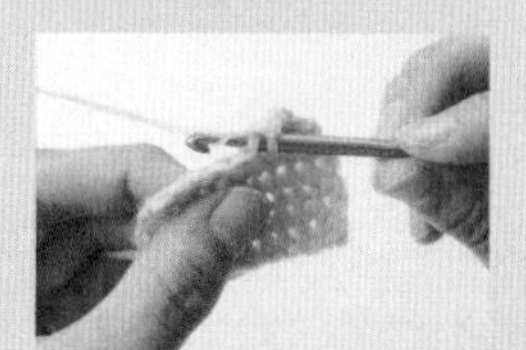

使用钩针挑线时，也会出现毛线劈叉的情况。

图书在版编目（CIP）数据

小白学编织 / 日本朝日新闻出版编著；(日) 惠惠监修；(日) 秋叶沙耶香绘；张瑢译. -- 海口：南海出版公司，2024. 10. -- ISBN 978-7-5735-1012-9

Ⅰ. TS935.52-64

中国国家版本馆CIP数据核字第2024G63V10号

著作权合同登记号 图字：30-2024-096

XIAOBAI XUE BIANZHI
小白学编织

策划制作：北京书锦缘咨询有限公司
总 策 划：陈　庆
策　　划：姚　兰

编　　著：日本朝日新闻出版
译　　者：张　瑢
责任编辑：张　媛
排版设计：刘岩松
出版发行：南海出版公司 电话：（0898）66568511（出版）（0898）65350227（发行）
社　　址：海南省海口市海秀中路51号星华大厦五楼 邮编：570206
电子信箱：nhpublishing@163.com
经　　销：新华书店
印　　刷：和谐彩艺印刷科技（北京）有限公司
开　　本：889毫米×1194毫米 1/32
印　　张：6
字　　数：375千
版　　次：2024年10月第1版 2024年10月第1次印刷
书　　号：ISBN 978-7-5735-1012-9
定　　价：59.80元